國立高雄大學　葉琮裕・陳韋志

畜牧業循環經濟

東華書局

國家圖書館出版品預行編目資料

畜牧業循環經濟 / 葉琮裕, 陳韋志編著. -- 初版. --
臺北市：臺灣東華書局股份有限公司, 2021.01
  144 面；19x26 公分.

  ISBN 978-986-5522-32-2（平裝）

  1. 畜牧業 2. 環境經濟學

437.18   109020795

畜牧業循環經濟

編 著 者	葉琮裕、陳韋志
發 行 人	陳錦煌
出 版 者	臺灣東華書局股份有限公司
地　　址	臺北市重慶南路一段一四七號三樓
電　　話	(02) 2311-4027
傳　　真	(02) 2311-6615
劃撥帳號	00064813
網　　址	www.tunghua.com.tw
讀者服務	service@tunghua.com.tw
門　　市	臺北市重慶南路一段一四七號一樓
電　　話	(02) 2371-9320

2025 24 23 22 21　TS 6 5 4 3 2 1

ISBN　978-986-5522-32-2

版權所有 · 翻印必究

推薦序

　　好友葉琮裕教授積極投入時間和精力，從事畜牧業糞尿厭氧發酵及其剩餘物沼液沼渣作為農地肥分使用，對土壤及地下水品質之影響；並研究以觀賞性花卉整治國內銅、鋅污染場址之植生復育。將其研究成果創作一本既可自我肯定，更可提供學界、畜牧業、能源供應業及工程界方便學習的專書——《畜牧業循環經濟》，令人佩服其精神。承蒙其邀請，得先拜讀初稿，備感榮幸。囑為推薦，實不敢當，特撰此讀後感言，並對葉教授協助環保署推動畜牧糞尿資源化致上最誠摯的謝意，也恭喜他完成此一大著作。

　　回想 104 年開始推動時，有些人認為豬糞尿含有銅、鋅，施灌農地作為肥分會造成農地污染，但因農委會已加強規範飼料銅、鋅之添加量，且葉教授特別進行了研究計畫，收集已申請沼液沼渣作為農地肥分使用之畜牧業沼液沼渣分析結果，證實並不會有此問題。

　　「肥水不落外人田」，這是老一輩種田人資源循環之寫照。曾幾何時，因化學肥料大量使用，畜牧糞尿變成廢水，過去都輔導畜牧業要用三段式處理至符合放流水標準才能放流到地面水體，不但浪費能源也浪費氮、磷等營養鹽。環保署為改善河川污染、清淨鄉村空氣品質，同時落實畜牧糞尿循環經濟回收氮肥政策，參酌國外畜牧糞尿資源化作法，改變以往傳統將畜牧糞水視為廢棄物加強管制之作法，採取推動畜牧糞尿資源化利用策略。高濃度有機廢水採取厭氧發酵最省能源，又可產生沼氣，經過脫硫處後可以發電或當燃料，從中獲取再生能源，剩餘之沼渣沼液又可作為農作物肥分使用，這是未來發展趨勢，也是創造畜牧業、農民及環境三贏之政策。

　　葉教授學經歷豐富，本著作除畜牧業循環經濟外，也介紹了植生復育重金屬之整治，如何讓廢土變黃金，以及實際之案例，內容豐富，符合國情，是一本難得一讀的著作。

行政院環境保護署
主任秘書葉俊宏

　　首先感謝環保署讓筆者先後執行，畜牧糞尿沼液沼渣作為農地肥分使用評估計畫，及農地受畜牧類資源影響之評估計畫等兩個計畫。台灣養豬業規模大且密集，主要集中於屏東縣、雲林縣、彰化縣、台南市、嘉義縣、高雄市等南部地區。其廢水中含有大量的懸浮物、有機物及氨氮等物質，若未經處理直接排放至水體中，將會導致環境污染，造成優養化現象，進而破壞生態平衡，對於人們的生活品質與身體健康亦有諸多不良的影響。然而畜牧業廢水排放管理一直是從事環境保護學者及專家心中最大的痛。

　　在嚴謹的管理下，將畜牧資源進行適度處理後，直接應用於農田土壤澆灌替代部分肥分，將可使豬隻所排放之沼液沼渣成為資源物，而非廢棄物。因此，近年來行政院環境保護署推廣畜牧肥分施灌於農地可行性。環保署委託筆者進行畜牧糞尿沼液沼渣作為農地肥分使用評估計畫，在探討畜牧糞尿沼液沼渣回收作為農地肥分之效益過程中，蒐集豬廁所之相關資料，並配合一段式厭氧發酵處理單元模組處理畜牧廢水，估算所能減少之畜牧廢水量，進而推估對河川水質改善之成效。蒐集養豬廢水中所含三要素含量以及沼液沼渣肥分成分分析之相關資料，將其與化學肥料進行比較，估算其替代化學肥料減量效果。

　　首先要感謝環保署主任秘書葉俊宏帶筆者入行，接著要感謝王宗楣、楊崑山、許永政、張添晉、袁中新、蔡長展、林東毅、廖義銘、王凱中、車明道、范康登、侯善麟、高志明及董正欽教授等先進的指導，以及林淵淙、陳谷汎、吳龍泉、黃靖修、黃建源、陳春僥、張文騰、彭彥彬、林坤儀、侯嘉洪、侯文哲、林怡利、林家驊、陳威翔、王奕軒、陳秋妏、劉炅憲、張耿崚、林明勳、梁祐、章日行、陳勝一、林俊儀、張志君、呂杰祐等同儕的精神支持，使筆者有動力完成本著作。最後感謝我的家人敬愛的母親無微不至的照顧，是我的榮幸與驕傲。感恩！

國立高雄大學 葉琮裕 教授

目錄

第一章	導論	3
第二章	農地受畜牧類資源影響之評估	23
第三章	高屏地區民眾有福了	37
第四章	以觀賞性花卉整治國內銅、鋅大宗污染場址植生復育之研析	39
第五章	重金屬探討	59
第六章	環境永續型植生復育整治重金屬污染土壤暨探討菌相影響之研究	61
第七章	以藥用植物忍冬處理重金屬植生復育之研析	73
第八章	水稻輔以可食用螯合劑聚麩胺酸 (R-PGA) 對重金屬 Cd 吸收累積之機理研究	75
第九章	廢土變黃金	79
第十章	穩賺不賠的政策	99
第十一章	實際案例	101

緣起

畜牧業廢水排放管理一直是從事環境保護學者及專家心中最大的痛。筆者曾任環保署技正、科長,曾在宣導放流水標準加嚴的說明會上,畜牧業者揚言要丟豬糞尿抗爭,並大聲喧嘩、講台語,二十年來畜牧業的排放標準不僅沒有加嚴反而放鬆,人所皆知畜牧廢水是國內三大水污染來源之一,此種現象是世界上絕無僅有的。在工業廢水及家庭污水逐漸入正軌,畜牧廢水管理著實是台灣當務之急。

記得在擔任環保署官員階段到高雄出差,洗澡時肥皂都洗不出泡泡。除此之外,高雄人買水喝,更是令人瞠目結舌。這是住在天龍國的普羅大眾難以理解的。在針對畜牧業廢水、廢棄物管制,為跳脫傳統水污染防治法及廢棄物清理法的管制,創新兩個新名詞沼液、沼渣,藉以對畜牧廢水對症下藥。

長久以來農政單位及環保機關一向處於對立立場,然而值得慶幸的是,在屏東縣中央畜殖場,第一次見到環保單位與農政單位,站在同一陣線針對沼液、沼渣政策,齊聲為此政策拍手叫好。筆者也因此下定決心戮力為沼液、沼渣政策貢獻自己一己之力。

第一章

導論

環保署水保處於 104 年發布「水污染防治費收費辦法」，其中畜牧業將於 107 年度起開始徵收水污費，為推動污染源頭削減，促進河川水體清潔，減輕畜牧業者負擔，並將畜牧糞尿視為有價資源再利用，環保署遂於民國 104 年修正發布「水污染防治措施及檢測申報管理辦法」及於 105 年發布修正「水污染防治措施計畫及許可申請審查管理辦法」，訂定畜牧業沼液沼渣農地肥分使用之相關規範。

經近一年之政策推動試行，水保處於 105 年 10 月修正沼液沼渣農地肥分使用相關管理規定，如增訂畜牧業糞尿再經曝氣處理後之物質亦可歸類為沼液沼渣作為農地肥分使用，刪減部分沼液沼渣、土壤及地下水檢測項目等，簡化相關作業申請程序與規定。上述情形雖有益更多畜牧業者投入參與沼液沼渣作為農地肥分使用之行列，然目前國內對於畜牧廢水多採用三段式廢水處理，簡化申請程序易造成未來畜牧廢棄物處理技術變革後（一段式處理），配套措施因應不及。復因農委會研究成果，施用畜牧廢水或堆肥均會導致土壤銅、鋅的累積，而國內亦尚無針對沼液沼渣造成土壤銅、鋅污染之前瞻型污染改善研究。

為預防及評估未來畜牧業沼液沼渣農地肥分使用造成農地土壤及地下水污染，並研發以景觀性植物或能源作物搭配可食用螯合劑及生長激素，辦理重金屬銅、鋅污染植生復育。

計畫目標及效益

● 沼液沼渣作為農地肥分使用對農地安全利用影響評估。

● 沼液沼渣農地施用後，氮於環境中遷移轉化評估。

● 整合型植生萃取經畜牧沼液沼渣污染農地試驗。

計畫背景

畜牧糞尿農地再利用相關法規

畜牧事業所產生的異味、廢棄物與廢水為畜牧產業對環境品質的主要衝擊，依照環保署「水污染防治法」與「廢棄物清理法」等規定，畜牧業屬公告指定事業，其所產生畜禽糞尿屬事業廢棄物或廢水，應依規定清除、處理、排放或再利用。其中，畜牧糞尿或畜牧廢水回歸農田再利用相關法規包含最早於88年環保署依水污染防治法公告實行之「土壤處理標準」、農委會「農業事業廢棄物再利用管理辦法」，與近來於104及105年修正發布之「水污染防治措施及檢測申報管理辦法」。土壤處理標準主要規範精神為減緩事業廢水對環境品質之影響，相關規範與限制門檻較高，實際取得土壤處理許可證之案例極少；農業事業廢棄

物再利用管理辦法則將畜牧糞尿視為廢棄物進行管理，各項行政程序與執行規定繁瑣，使得政策推動成效受限；「水污染防治措施及檢測申報管理辦法」則於法條內訂定「沼液沼渣農地肥分使用」專章，將經適當前處理的畜牧糞尿視為有價資源，為鼓勵畜牧業者與農民多加參與，相關規範較為彈性且持續檢討修正。國內現行畜牧糞尿回歸農田再利用相關法規說明如後。

畜牧糞尿特性之影響因子

畜牧糞尿依其處理方式主要可分為固態狀的畜牧糞便與為清潔畜舍及協助動物散熱降溫而產生的以液態為主要存在狀態的廢棄物，後者組成分可能包含動物糞尿、毛絮與浪費的飼料等，因此畜牧動物糞尿特性與畜舍清潔方式皆會影響廢水水量與水質。一般而言，畜牧糞便多以直接製成堆肥或作為肥料原料作為處理或再利用方式，液態狀畜牧糞尿處理方式則多先經過三段式廢水處理後再排放至公共水體，畜牧廢水係指經廢水設備處理後所產生的水體，具合法登記證的養豬場及養牛場普遍皆依規定設置相關廢水處理設備，其主要處理程序包含固液分離、厭氧處理與好氧處理等程序，以達到去除水中污染物之目的，因此不同處理階段之畜牧糞尿水質亦有所差異。如能確實掌握畜牧糞尿特性，將可有效評估畜牧糞尿再利用農地之最大負荷量，規劃適宜之施灌量與施用方式，避免造成環境污染，並同時增進農田生產力。茲將說明影響畜牧糞尿特性之主要因素如後。

畜養動物種類

國內牛隻飼養種類主要可分為提供乳品之乳牛及直接食用之肉牛，依據農委會 105 年度畜禽統計調查結果，乳牛頭數約占全台在養牛隻數

量之 75.5%，肉牛所占比例為 23.5%；豬隻飼養種類則可分為用於繁殖之種豬與作為食用之肉豬二大類，其所占比例約為 11.2% 與 88.8%。

一般牛隻飼料型態主要可分為精料與芻料。精料主要由穀類及其副產品、蛋白質及礦物質補充物，與其他添加劑所組成；芻料主要原料則為狼尾草、盤固拉草及青割玉米等作物。完全混合日糧（Total Mixed Ration）則為將粗料、精料、礦物質、維生素和其他添加劑充分混勻之混合飼料，其可一次性提供牛隻每日所需營養，不同飼料餵養比例與飼養方式則須依牛隻生長情形而定。豬隻則多以混合飼料餵養，並依其生長階段營養需求調配飼料組成分。

家畜依其飼養目的與生長階段而有不同的養分需求，飼料配方與餵食量亦隨之改變，因而使得其每日糞尿排泄量與成分組成差異甚大。此外，禽畜飼料配方中通常會添加硫酸銅與硫酸鋅作為營養促進劑，以幫助其腸胃道消化功能，然而動物對銅鋅卻只能微量的吸收，大約 90% 的銅鋅皆被排泄至糞尿中，因此禽畜糞尿中可能含有較高濃度之銅鋅，且為組成分具高度變異性之混合物質，若欲妥適處理或再利用，首要關鍵為確切掌握畜牧糞尿之特性。

❖ 畜舍型態

含畜牧糞尿之廢水主要產生途徑為畜舍清潔或為動物灑水降溫時，因此畜舍型態與用水量皆會影響畜牧場所產生之廢水水量與水質特性。國內主要養豬畜舍型態可分為傳統水泥平面式、浸水式與高床式，其型式及用水量分別說明如下：

1. **傳統水泥平面式豬舍**：畜舍空間配置為前端設有餵飼槽，後端地面略呈斜坡，以利污水流出至外面的糞溝中。若未設計固定排泄地點，豬

隻可在豬舍內任意移動並排泄糞尿,因此養豬戶必須每天沖洗豬舍或沖刷豬隻身體,清潔所需用水量體大,平均每頭豬每日耗水量為 20 ～ 50 公升。

2. **浸水式豬舍**:畜舍空間配置為於畜舍後方設計斜坡並放水填滿,豬隻會在水槽中排泄,使糞尿集中於水中,而不會造成豬舍其他活動空間髒亂,但此管理方式較不利於豬隻健康。浸水式豬舍不須每日清潔,僅需定期排放與更新水槽用水,由此估算每頭豬每日耗水量約為 20 公升。

3. **高床式豬舍**:畜舍設計分為上下層空間,使豬隻於架高之上層空間活動,其所排泄糞尿經由豬隻踐踏與上層地板之網狀或條狀孔洞落至下層空間,養豬戶僅需定期清理下層糞尿即可,糞尿清理方式主要可分為以下三類:

   (1) 儲水式:下層糞尿集中空間先放置大量清水,使糞尿排入水中,直至豬隻養成遷離豬舍後(約 5 個月),再將糞尿水全部排入廢水處理系統中,但此處理方式可能造成豬糞在下方儲坑發酵產生甲烷、硫化氫等氣體不利豬隻生長,目前較為少見。

   (2) 刮糞式:以機械刮除下方空間收集之豬糞,尿液則另以溝槽收集,廢水產生量低,每頭豬每日耗水量約 5 公升以下。但其豬舍與刮糞設備造價高,且需定期保養與維修,對於養豬戶成本負擔較高。

   (3) 沖洗式:以水沖洗方式清潔下層糞尿集中空間,需水量相對較高,但略少於傳統水泥平面式豬舍之清潔用水量,為目前一般高床式豬舍最常採用之清理方式。

國內養牛畜舍清潔方式可分為直接用水沖洗式與不用水沖洗式。用水沖洗式又可分為自動噴洗式及人工沖水式；不用水沖洗式又可分機械刮糞式及自動落下式。

　　不同養牛畜舍清潔型式及用水量分別說明如下：

1. **自動噴洗式**：於畜舍設置單一噴頭、軟管、擺動噴頭控制器、噴頭移動控制馬達及抽水馬達等裝置，以自動化高壓方式將沖洗水噴出，以清除牛隻排泄於平面水泥地上糞尿，將其集中至含有加孔蓋之小糞尿溝。此清洗方法優點為不必另請工人清洗牛舍，但缺點為無法準確有效的將水柱噴在牛糞坨上，因此需耗費的用水量較大。
2. **人工沖水式**：畜舍型式為側邊設有集糞溝之平面水泥地，以人工操作高壓式噴水管，將牛隻排泄於地面的糞尿，沖洗集中於集糞溝中，其用水量較自動噴洗式低，但仍會產生大量畜牧糞尿廢水。
3. **機械刮糞式**：使用鏟斗刮糞機或走道式自動刮糞機，將畜舍平面水泥地上牛隻所排泄之糞尿及墊料床移除，達到清潔畜舍之目的，其不須使用水清洗糞尿，可大幅減少養牛場所產生之廢水量。
4. **自動落下式**：牛隻活動空間為條狀高床之構造，利用地心引力之重力作用及牛隻踐踏之擠壓作用將糞尿集中於集糞溝中，而不須用水沖洗，以此管理方式產生之畜牧糞尿廢水量較少。

　　此外，依季節不同，畜舍清洗管理方式又可分為夏季與冬季，以養豬業為例，夏季畜舍清洗頻率為每日 2 次，清洗範圍為全面清洗，冬季清洗頻率為每日 1 次，清洗範圍僅針對畜舍內豬隻排泄糞尿聚集處。因此，夏季沖洗畜舍產生之廢水量較冬季大。

彙整國內不同畜舍型態所產生畜牧糞尿廢水之主要組成分，沖水式養豬畜舍廢水總氮含量介於 0.02～0.2%，總磷含量 0.004～0.09%，鉀含量 0.004～0.09%。高床式畜舍廢水營養鹽濃度則相對較高，總氮含量達 0.45%，總磷含量達 0.16%，顯示若施用高床式畜舍廢水僅需一半用量即可達到與沖水式畜舍相同之肥分效果，但其廢水導電度、銅鋅含量亦相對較高，過量施用可能造成土壤鹽化與重金屬累積等問題。冬季畜舍廢水產生量較少，因此其導電度、營養鹽濃度與銅鋅含量皆相對高於夏季，施灌於農地可提供較多之肥分。刮糞式牛舍用水量雖相對較少，但營養鹽濃度並未顯著高於沖水式豬舍，推論主要受不同動物飼料配方與糞尿組成分差異之影響。由上述國內常見之畜舍型態與清潔方式可知，不同管理方式皆會影響廢水產生量與其水質特性，再利用於農田應個別考量不同廢水來源之性質差異，據以擬定合適之施灌計畫，以收最大施用效益。

❖ 廢水處理方式

　　為協助畜牧業者有效處理禽畜飼養過程中所產生之大量廢水，以符合放流水排放標準，農委會自 80 年代起大規模推廣與輔導畜牧業者設置由畜產試驗所研發之三段式廢水處理系統，透過物理性分離、厭氧發酵與好氧發酵等操作原理，達到淨化水質之目的，經不同處理階段所產生之廢水性質與組成分有所差異。茲將說明國內畜牧業者主要採行之廢水處理系統設計原理與不同處理階段廢水特性如下。

1. **三段式廢水處理系統**：三段式糞尿廢水處理程序包括固液分離、厭氧處理、好氧處理等。固液分離係利用固液分離機之物理性方法將廢水中固形物分離，以降低水中有機物含量。厭氧處理為於密閉之發酵槽內，利用厭氧性微生物將有機質分解成穩定的物質，並可產生沼氣，

此階段約可去除前一階段廢水中 92% 的懸浮固體（SS）、89% 的生物需氧量（BOD）與 12% 電導度（EC）。好氧處理係利用好氧性微生物氧化分解水中可溶性有機物，又稱活性污泥處理法，此階段約可去除前一階段廢水中 58% 的 BOD、44% 總氮與 33% 總磷。三段式廢水處理系統為國內畜牧業者主要採用之設施。

2. **兼曝氣廢水處理系統**：兼曝氣處理系統為台糖公司自行研發之廢水處理系統，可應用於豬糞尿與糖廠廢水等，其主要處理程序包含固液分離、兼氧處理與曝氣處理。固液分離係利用攔污柵與固液分離機之物理性方法將廢水中固形物分離。兼氧處理槽上層 30 公分之溶氧量僅 0.1 mg/L，30 公分以下呈厭氧狀態，廢水中之蛋白質、脂肪及澱粉等先經微生物水解為較小分子之氨基酸、脂肪酸及糖類，再經微生物代謝作用，將其轉化為更小分子之有機酸及醇類等，而可達到降低廢水之化學與生物需氧量之目的。曝氣槽則利用好氧性微生物將有機酸等物質分解為二氧化碳及水，而達到淨化水質之效果。

欲採行土壤處理之畜牧廢水依規定須經固液分離設施與生物前處理設施之處理，並符合其所規範之水質標準才可申請排放至土壤中，而欲作為農地肥分使用之沼液沼渣依規定須經一定天數之厭氧發酵才可申請施灌於農田。彙整國內不同處理階段畜牧廢水之主要組成分，廢水中電導度、營養鹽與銅鋅濃度皆有隨處理階段增加而下降之趨勢，以肥分再利用角度而言，經較多前處理程序的畜牧廢水對於作物營養價值較低，但廢水中較低的重金屬濃度，則可避免土壤重金屬過量累積。然而，調查結果亦證明不同農戶在相同處理階段下廢水水質變異極大，顯示廢水處理設備的操作方式與管理維護頻率皆會影響其處理效率，進而影響排放水水質。比較厭氧發酵槽上層液（沼液）與下層混合液（沼液與沼

渣）性質差異，整體而言下，層混合液導度、營養鹽與銅鋅濃度相對較高，可提供較多植物生長所需的肥分。

濕地去除營養鹽氮磷效率變異極大（一般平均去除率約50%），其主要功能差異與濕地之植物種類、光照度及溫度變化相關。氮去除主要藉生物轉化之硝化及脫硝作用，而濕地內磷去除之主要機制為沈降吸附之物理作用，植物植栽對營養鹽去除，除植體吸收外，其亦提供較多元之微生物生長環境，尤其根系附近生長環境之提供。此外植物分解亦提供異營性微生物必要之碳源。其研究結果顯示，濕地種植不同植物系統比單一植物系統之營養鹽去除之效率高。對於溫帶或寒帶之濕地系統，溫度對營養鹽去除扮演重要角色。實驗室研究之最適合室溫約為30°C，在此溫度左右具最佳之營養鹽去除效果。

近來有關自然淨化系統氮營養鹽去除之研究成果，主要包括氮之ANAMMOX去除機制探討，分析垂直流濕地中氮轉換之質量平衡，發現掩埋場含低生化需氧量但高濃度氨氮之滲出水，於好氧條件下，氨氮先轉換為亞硝酸鹽，而亞硝酸鹽再與剩餘之銨反應為氮氣逸散至大氣中，使氮質量減少12～52%，其稱之為完全自營氮去除（CANNON）。故人工濕地應用於有機物及含氮營養鹽之去除具廣泛發展空間，氧氣之提供與否、提供之多寡及有機物與營養鹽之比例對兩者去除率之影響，及停留時間對於好厭氧環境降解作用之相互影響關係等，皆係人工濕地未來研究之方向。

氮污染在垂直地下流系統之質量平衡分析，以掩埋場滲出水中含高濃度氨氮在好氧系統之轉換傳輸。透過質量平衡分析，由亞硝酸鹽、氨氮轉換成氮氣為主要去除機制。傳統之硝化作用在好氧環境中分解之氨氮與產生之亞硝酸鹽及硝酸鹽氮相當，質量平衡分析總氮除少量氮被植

體吸收，其在好氧環境應無太大改變。研究顯示，替代之硝化脫硝氮去除機制常於實場濕地系統中發生，包含厭氧氨氧化（ANAMMOX）應為重要轉換機制。

人工濕地內去除氮之主要機制除微生物硝化脫硝作用、氨揮發、植體吸收及介質吸附，尚包括將氨部分氧化成亞硝酸鹽並與氨在缺氧系統進行氧化（ANAMMOX 反應）。傳統垂直流地下流濕地中硝化作用及水平流地下流濕地中脫硝為主要去氮機制。在法國實場試驗中將原 80 公分之垂直流床改分為 25 公分不飽和層及 55 公分飽和層，在此系統中操作得較佳總氮去除，並發現 ANAMMOX 細菌生長。濕地中好氧 - 缺氧介面為 ANAMMOX 細菌主要生長之處所。水溫 19.7 ～ 5.9°C，ANAMMOX 反應仍持續進行，足夠之銨濃度使 ANAMMOX 細菌競爭優於異營菌，然而 ANAMMOX 細菌仍可與一般異營菌共存，此外異營菌耗氧功能營造缺氧環境促使硝酸鹽還原成亞硝酸鹽，進而促進 ANAMMOX 反應。

Prochaska et al. 研究垂直流地下流系統影響污染物去除效率之主要參數。濕地面積約每人 6.3 平方公尺，操作於低水力負荷 0.08 m^3m^{-2} 且每週二次進水將可提高有機物去除效率約達 92% 之 COD 去除，並可達良好之硝化率約 60% 之總氮轉移成硝酸鹽氮，將放流水迴流再處理亦可達預期之脫硝反應。

關切地下水氮營養鹽消長　地下環境係屬缺氧狀態，在地下環境普遍有機質足夠，預期脫硝反應會進行，如同碳有機質礦化作用氮營養鹽氮礦化亦會產生。

台灣養豬業之規模大且密集，主要集中於屏東縣、雲林縣、彰化縣、台南市、嘉義縣、高雄市等南部地區。其廢水性質含有大量的懸浮

物、有機物及氨氮，若未經處理排放至水體中，會導致環境污染，造成優養化現象，進而破壞生態平衡，對於我們的生活品質與身體健康也有不良的影響。在台灣畜牧廢水主要有三段式厭氧處理流程，另農委會近來則推行減污、節水措施，以畜牧廢水回灌農田來減少廢水排放，可減少徵收水污防制費業者必須繳納的費用。

以往台灣畜牧廢水是以三段式厭氧處理設施，依法令規定處理達標準後進行排放。但環保署於104年5月1日起開徵水污染防制費，畜牧業被列為第三年起徵收的對象，其徵收項目包含化學需氧量、懸浮固體、鉛、鎳、銅、總汞、鎘、總鉻、砷、氰化物及其他經中央主管機關指定公告之項目，且畜牧業與工業徵收費率相同，是以「徵收項目費率 × 水質 × 水量」來計算。水污染防治費開徵後，勢必增加了畜牧業者的一大成本，因此如何減少廢水排放為重要的問題。

豬廁所相關的試驗報告顯示，此方式進行豬糞尿進入廢污水系統的前處理，可有效達到廢水減量的目的。另外，配合一段式厭氧系統，本計畫將評估模組化後所能達到減少河川污染的效益，以及沼氣生成所帶來的能源效益。

除此之外，綠色能源也可減少溫室氣體排放，因此評估沼氣回收再利用之碳權認證及綠電認購等機制有其必要性。以特定河段或排水為例，評估河段或排水流域內區域性沼氣中心之設置可行性，旨在協助畜牧業者處理畜牧糞尿及降低業者畜牧廢水水污費用，並進行一段式沼氣發電，降低碳排放的同時產生綠電。

問題分析

養豬養牛家數及頭數分布

行政院農業委員會定期於每年 5 月及 11 月辦理養豬頭數調查，除獲得毛豬現有在養量，以瞭解養豬產業經營概況及其變動情形外，並預估未來半年國內市場可供應屠宰量，俾供調節毛豬產銷及穩定豬價政策參據。

5 月養豬頭數調查統計標準日為 5 月 31 日，調查時須以當日養豬場內飼養毛豬在養狀況為調查標準，並採逐場逐棟逐欄實地清點。調查結果，104 年 5 月台閩地區養豬場數 7,973 場，毛豬飼養總頭數 550.9 萬頭。

從養豬飼養規模別結構變動觀之一千頭以上飼養場數占總場數近 2 成，掌握近 7 成豬源，飼養 199 頭以下場數占總場數 46.6%，飼養頭數僅占總頭數 3.9%；一千頭以上大規模場數（占 19.8%）則掌握近 7 成豬源。本次調查平均每場飼養規模為 705 頭，突破 700 頭規模飼養。

依縣市別在養頭數觀之，以雲林縣飼養居冠，其次依序為屏東縣、彰化縣、台南市、嘉義縣及高雄市等縣市，該 6 縣市飼養頭數占總頭數 8 成 6。

養豬廢水及養牛廢水之污染量

以日本中央畜產會為例，每頭成牛（平均 500～600 公斤）每日排出糞尿量糞約 30 公斤，尿約 20 公斤。成牛每日每頭 BOD 總量有

760 g，糞占 20 g，尿占 40 g；SS 總量 3,600 g，糞占 3,550 g，尿占 50 g，COD 總量 400 g，糞占 370 g，尿占 30 g，由此可知牛隻畜牧廢水屬高濃度有機廢水，如果不經處理而排出，對環境的影響甚大，且牛為草食性動物，所以廢水中較豬糞有較多的纖維質及鉀，而氮、磷、鈣及鈉成分含量較豬糞低，導致廢水處理時間較長，且有較高的懸浮固體。牛隻排泄物之理化特性因飼料種類不同而異，其所排泄之糞便之理化特性比豬隻差別更大。（洪嘉謨，2005）

養豬廢水污染以霄裡溪為例，霄裡溪沿岸之畜牧污染物來源為住戶所飼養的家禽家畜，包括豬、牛、雞、鴨，其中雞多為圈養式，且排泄物含水量低、產量少。畜牧廢水污染量推估將以單位豬頭數所產生的單位污水量及單位污染量乘以其豬頭數而得。

養豬廢水之廢水量受到豬隻每日糞尿排泄量、本身之生理特性及養豬戶之沖洗豬舍習慣而略有差異，不同體重之豬隻在任意飼料或限食飼料下其糞尿量有所差異。除了豬隻所排放的糞尿外，每日清掃豬舍之沖洗水量，亦為計算養豬廢水量之因素。台灣之養豬戶習慣以水沖洗地面，夏季並為豬隻沖涼，廢污之稀釋率約在 5～15 倍之間，推估所使用每頭豬所排放的廢水量為 30 L/day，此單位廢水量即已考慮沖洗豬糞便之沖水量。

在水質方面，養豬廢水的主要污染來源為豬糞尿中之固體物及液體，加上部分飼料溢落以及豬舍之沖洗廢水，其中污染物 90% 來自豬糞尿，僅有 10% 來自飼料及其他。豬糞尿廢水一般皆屬於高污染廢水，固體物量占總廢水的 20～30%，而其 pH 值則在 7.0～9.0 左右，新鮮豬糞尿廢污之生化需氧量約為 50,000～90,000 mg/l，因此污染量相當大。然豬糞尿廢水之理化性質受豬隻的生理狀況、飼料品質及量與環境因素

影響,另外包括體重、性別、活潑性及品種、對飼料之消化性、蛋白質及纖維素等其成分、豬舍溫度、溼度、飼養的方式、沖洗方式及沖水量等,都會影響豬糞尿廢水之性質。以「高屏地區水源保護區養豬污染源改善評鑑報告」1993 年之研究成果為例,畜牧(養豬)廢水污染量推估所採用之各污染產生量為 BOD 100 g/頭/天、TP 5.4 g/頭/天、TN 26.7 g/頭/天與 NH_3-N 16 g/頭/天。

畜牧廢水對水體之影響

依據環保署環境資料庫統計出民國 96 年至 100 年 8 月各測站之 DO、BOD、SS、NH_3-N 值顯示,上游隴東橋及潮州大橋測站介於輕度至中度污染之間,下游興社大橋、港西抽水站及東港大橋測站介於中度至嚴重污染之間,尤其以興社大橋河川水質狀況最差,因此東港溪流域之熱點(Hot Spot)區域為興社大橋至港西抽水站節點,尤其是竹田鄉鳳明村之畜牧集中區。東港溪水質現況。

❖ 龍頸溪

A. **污染源現況**　龍頸溪排水量約為 107,190 CMD;BOD 污染排放量 4,627 kg/day,占東港溪全流域 22.32%,其中以畜牧廢水排放量最多占 65.29%,生活污水次之占 34.57%,工業廢水則占 0.14%;NH3-N 污染排放量 1,789.8 kg/day,占東港溪全流域 11.76%,畜牧業多分布於竹田鄉及內埔鄉。

B. **水質 RPI 分析**　自 97 年 4 月起,環保局於龍頸溪每季執行一次上、中、下游水質檢測工作。由檢測結果顯示,龍頸溪 97 年、98 年整體 RPI 平均值 6.25 屬嚴重污染,99 年整體 RPI 平均值 5.00 屬中度污染,100 年整體 RPI 平均值 6.25 屬嚴重污染。

C. 龍頸溪畜牧業污染量推估 以龍頸溪畜牧業實際畜養量推估污染量：總廢污水量 779 CMD，總廢污水生化需氧量值為 48.5 kg/day，化學需氧量值為 271.5 kg/day，懸浮固體物值為 67.8 kg/day。

❖ **萬年溪**

A. 污染源現況 屏東市 22 萬人之家庭污水均注入萬年溪，如此大量的污水未經過任何的淨化或處理就直接排入萬年溪內，河川之涵容能力均無法負荷。在用戶接管工程尚未健全之前，能有效並迅速地解決生活污水排入萬年溪的問題，唯有增設截流井將晴天污水截往既設六塊厝污水處理廠，減少污水流入萬年溪。

B. 水質 RPI 分析 自 98 年 7 月起屏東縣政府於萬年溪上游廣東橋、下游復興橋各設置水質監測站。由監測結果顯示，萬年溪 98 年整體 RPI 平均值則為 6.54 屬於嚴重污染，99 年整體 RPI 平均值為 5.15 屬於中度污染，100 年整體 RPI 平均值降為 4.84 屬於中度污染；評估 98～99 年整體水質改善率達 21.2%，由監測結果顯示萬年溪 99 年度水質由嚴重污染提升為中度污染，99～100 年整體水質改善率達 6.1%，各項整治工作成效已逐漸顯現。

C. 萬年溪畜牧業污染量推估 畜牧廢水污染量推估將以單位豬頭數所產生的單位污水量及單位污染量乘以其豬頭數而得。因此在此方面之推估主要單元為豬隻頭數、單位頭數污水量、單位頭數污染產生量三項。養豬廢水之廢水量受到多種因素的影響，根據相關研究報告，推估所使用每頭豬所排放的廢水量約為 30 L/day。以萬年溪畜牧業實際畜養量推估污染量：總廢污水量 1,409 CMD，總廢污水生化需氧量值為 74.4 kg/day，化學需氧量值為 478.3 kg/day，懸浮固體物值為 93.8 kg/day。

現行畜牧廢水處理方式

台灣現行之豬糞尿廢水大多以農委會推廣之三段式流程處理，第一階段為固液分離，固形物分離出液體廢水以製作堆肥，液體廢水進入初沉池前的有機物質含量越低越好，放流水也才能符合環保署的規定。第二階段為厭氧消化槽，動物糞便將進入一個類似密閉化糞池的密閉空間，經過水解後產生的沼氣可作為汽電共生，沼渣、沼液則可作為肥料。第三階段則是活性污泥槽，在曝氣系統中將廢水和活性污泥（微生物）互相接觸，將水中的有機物轉化成二氧化碳、水及更多的微生物。

❖ 傳統畜牧廢水處理三階段

第一階段　固液分離（主要功能減少厭氧發酵產生之浮渣、減少處理量）：

1. 在固液分離階段以採用固液分離機為主，分離床少部分，固液分離機有逕流式、震盪式及水車式等，主要目的是將混於尿水中之豬糞固體加以取出，減輕後續之處理負擔，它的去除效果 BOD 在 15～30%，平均 20%、SS 約在 50% 左右。

2. 目前更推行二段固液分離機方式，第一階段採用網目較大者（約 0.5 mm），先行去除較大型之固體後，第二道再以較小網目（約 0.3 mm）進行第二次固液分離，對固形物之去除效果顯著。

3. 分離出之固體含水分在 70～80% 間，製造堆肥時尚需調整水分。也有採用固液分離式豬舍，將糞與尿水在豬舍內就加以分開，配合刮糞設備，將糞尿自動分離，刮出之糞便直接製成堆肥，因不需以大量水沖洗，因此可達到減少廢水量之目的。

第二階段　厭氧發酵：

1. 厭氧發酵為在缺氧狀態下，微生物將構造複雜之有機物分解為簡單物質，並產生 CH_4、CO_2 等。
2. 此法處理豬糞尿廢水之優點有：
   A. 污泥產生量少。
   B. 可回收有用能源（沼氣）。
   C. 可承受較高之有機負荷。
   D. 處理後廢水穩定性高。
   E. 發酵過程中微生物所需營養分少。
   F. 不需供氧。
   G. 可殺死寄生蟲卵及殺死或抑制病原體。
3. 缺點則有：受氣溫範圍限制、沼氣細菌生長緩慢、處理時間較長。
4. 厭氧發酵可分成為：酸生成、甲烷化二主要階段。
   A. 第一階段利用兼氧與厭氧菌將蛋白質、醣類、脂肪轉化為有機酸（乙酸、丙酸、丁酸等）、醇類及新菌體細胞。
   B. 第二階段以絕對厭氧甲烷菌將有機酸、醇類轉變成 CH_4、CO_2。
5. 影響厭氧發酵之因子有：
   A. 溫度（中溫菌為主，重視溫度穩定 ±2°C）。
   B. pH（正常厭氧發酵之 pH 值應在 6.6～7.6 之間，而 7.0～7.2 之間為最佳。一般單槽之厭氧發酵之 pH 值在 6～8 間仍有正常之沼氣產生，而在 7.2～7.6 間為最好；複式發酵槽，則酸化槽之 pH 在 5.0～6.5 之間，甲烷化槽在 7.0～8.5 之間仍有正常之處理性能）。
   C. 有毒物質（重金屬、抗生素、消毒劑）。
   D. 攪拌混合。

E. 污泥迴流控制與沼氣產量等。

6. 通常採用覆皮式厭氧發酵槽，屬臥置式厭氧發酵槽之一種，以紅泥膠皮設置水封方式達厭氧處理之目的。

7. 其設計重點：

    A. 糞尿與水比例應適當（3:1）。

    B. 設置沉砂池，流速 15～30 cm/秒，HRT 30～60 秒。

    C. 發酵槽採前後槽設計；前槽為酸化期（HRT 0.5～2 日），大部分為 CO_2，並無 CH_4，可直接排放。產生之污泥可抽取至沉澱槽或濾床。

    D. 發酵槽後槽為甲烷化階段（HRT 2～7 日），前槽之懸浮液溢流至後槽；宜分置多槽。

    E. 採用恆壓裝置；不直接利用厭氧槽產生之 CH_4，將之經簡易恆壓裝置導入沼氣儲存袋，保持厭氧槽覆皮一定程度隆起。

第三階段　好氧活性污泥：

1. 活性污泥法（activated sludge process, ASP）利用好氧微生物吸附、分解、處理廢水中之可溶性及微小懸浮物質等。

2. 活性污泥組成：由細菌類、真菌類、原生動物與原蟲類等組合成之羽狀混合培養體。

3. 在氧化完全之 ASP 時，原蟲類中之輪蟲為優勢微生物，故可作水質穩定之生物指標。

4. 活性污泥特性：強氧化力、吸附凝集、原生動物捕食細菌、淨化水質。

✳ ASP 系統含五項基本單元操作

1. **初沉池**：廢水略經沉澱，濾除部分非活性污泥，可避免影響曝氣池 SV_{30} 沉降觀察正確性。

2. **曝氣池**：HRT 約 1.5 日，有效水容積約為一日廢水量之 1.5 倍。須有供氧裝置，以充分均勻混合廢水，不產生沉澱，提供微生物足量氧氣。因藉活性微生物（活性污泥）淨化處理廢水，池中必須保持一定量微生物，常以池中之 MLSS 作為活性污泥量指標。每日需測定一次 SV_{30}，以估算 MLSS 濃度。正常曝氣池水流均勻、水色呈淡褐色、泡沫稀少、有土臭或黴臭味、SV_{30} 為 20～25%。

3. **終沉池**：主要功能為凝聚微生物繼而沉澱下降，以獲得乾淨上澄液，故需足夠之 HRT（至少 3～4 小時）。為有利於污泥聚集，池下端應建成角錐形，抽取之沉澱污泥迴流至曝氣池。需設置擋流板（防止浮渣外溢）與溢流堰。

4. **迴流污泥**：為使曝氣池保持一定數量之混合液懸浮固體（即微生物），需將終沉池之污泥抽回曝氣池。當曝氣池之 SV_{30}（MLSS > 2,500 mg/L）大於 25% 時，終沉池沉澱污泥部分迴流至曝氣池、部分捨棄。當曝氣池 SV_{30} 小於 20%（MLSS < 2,000 mg/L）時，終沉池沉澱污泥全部迴流至曝氣池。

5. **排泥**：曝氣池內進行生物氧化過程之微生物約將半數營養分轉變為賴以生存之能量，另一半則用於繁殖新污泥，而增加曝氣池污泥量。為維持曝氣池內微生物濃度不變，常將此污泥增殖量排除之。

回到畜牧廢水的處理階段之前，豬欄裡的「豬廁所」其實也需要精心的設計，利用豬隻動物行為設計最適合豬隻生長的豬欄。豬隻喜好在不適合躺臥休息，且潮濕陰涼的處所排泄糞尿。不過豬糞的碳氮比比較

低，發電效果比較差。和沼氣相比，生物天然氣的甲烷比例高了 20～40%，效率更佳。

第二章
農地受畜牧類資源影響之評估

台灣初期以農業產業為主,以養豬業從民國60年開始飼養規模擴大,每日產生之大量廢棄物(如沼液沼渣)的處理,其廢水中含有大量的懸浮物、有機物、氨氮與銅鋅金屬等物質,若未經處理直接排放至水體中,將會導致環境污染,造成優養化現象,進而破壞生態平衡,對於人們的生活品質與身體健康亦有諸多不良的影響。因此,近年來行政院環境保護署推廣畜牧肥分施灌於農地可行性。若豬糞尿沼液沼渣混合液中含有高濃度的銅鋅下,當作有機肥施用,容易引起污染農地的疑慮。本計畫研究成果,建議包括沼渣中重金屬濃度高,進行澆灌時土壤累積重金屬量較大。建議可使用沼液或含較低沼渣之混合液進行農地澆灌,延長農地可澆灌年限、以沼液澆灌時,建議提高氮含量,降低重金屬含量,延長澆灌年限、養豬戶產生之沼液品質影響澆灌量與重金屬累積甚大,若欲提供作為農地肥分使用,需嚴格控制其水質之穩定性,以利未來農地品質之控管。沼液品質控管方面,建議地方環保局加強稽查,並定期輔導,以降低農地受污染之風險。

環保署水保處於 104 年發布「水污染防治費收費辦法」，其中畜牧業於 107 年度起開始徵收水污費，為推動污染源頭削減，促進河川水體清潔，減輕畜牧業者負擔，並將畜牧糞尿視為有價資源再利用，環保署遂於民國 104 年修正發布「水污染防治措施及檢測申報管理辦法」及於 105 年發布修正「水污染防治措施計畫及許可申請審查管理辦法」，訂定畜牧業沼液沼渣農地肥分使用之相關規範。

經近一年之政策推動試行，水保處於 105 年 10 月修正沼液沼渣農地肥分使用相關管理規定，如增訂畜牧業糞尿再經曝氣處理後之物質亦可歸類為沼液沼渣作為農地肥分使用、刪減部分沼液沼渣、土壤及地下水檢測項目等，簡化相關作業申請程序與規定。上述情形雖有益更多畜牧業者投入參與沼液沼渣作為農地肥分使用之行列，然目前國內對於畜牧廢水多採用三段式廢水處理，簡化申請程序易造成未來畜牧廢棄物處理技術改變後，配套措施因應不及。復因農委會研究成果，施用畜牧廢水或堆肥均會導致土壤銅、鋅的累積，其中單純施用沼渣情境下，土壤鋅濃度 1～24 年即累積超過土壤污染監測標準。

環保署為預防及評估未來農地受畜牧類資源影響，及於農地施用後對地下環境之影響，並研發以景觀性植物或能源作物搭配可食用螯合劑及生長激素，辦理重金屬銅、鋅污染植生復育，另針對地下水硝酸鹽（硝酸鹽氮及亞硝酸鹽氮）濃度進行評估。

廢水處理方式

為協助畜牧業者有效處理禽畜飼養過程中所產生之大量廢水，以符合放流水排放標準，農委會自 80 年代起大規模推廣與輔導畜牧業者設置

由畜產試驗所研發之三段式廢水處理系統，透過物理性分離、厭氧發酵與好氧發酵等操作原理，達到淨化水質之目的，經不同處理階段所產生之廢水性質與組成分有所差異。茲將說明畜牧業者主要採行之廢水處理系統設計原理與不同處理階段廢水特性如下。

三段式廢水處理系統　　三段式糞尿廢水處理程序包括固液分離、厭氧處理、好氧處理等。固液分離係利用固液分離機之物理性方法將廢水中固形物分離，以降低水中有機物含量。厭氧處理為於密閉之發酵槽內，利用厭氧性微生物將有機質分解成穩定的物質，並可產生沼氣，此階段約可去除前一階段廢水中 92% 的懸浮固體（SS）、89% 的生物需氧量（BOD）與 12% 電導度（EC）。好氧處理係利用好氧性微生物氧化分解水中可溶性有機物，又稱活性污泥處理法，此階段約可去除前一階段廢水中 58% 的 BOD、44% 總氮與 33% 總磷。三段式廢水處理系統為畜牧業者主要採用之設施。

兼曝氣廢水處理系統　　兼曝氣處理系統為台糖公司自行研發之廢水處理系統，可應用於豬糞尿與糖廠廢水等，其主要處理程序包含固液分離、兼氧處理與曝氣處理。固液分離係利用攔污柵與固液分離機之物理性方法將廢水中固形物分離。兼氧處理槽上層 30 公分之溶氧量僅 0.1 mg/L，30 公分以下呈厭氧狀態，廢水中之蛋白質、脂肪及澱粉等先經微生物水解為較小分子之氨基酸、脂肪酸及糖類，再經微生物代謝作用，將其轉化為更小分子之有機酸及醇類等，而可達到降低廢水之化學與生物需氧量之目的。曝氣槽則利用好氧性微生物將有機酸等物質分解為二氧化碳及水，而達到淨化水質之效果。

新設一段式厭氧發酵處理系統　考量新設的處理廠採用一段式處理方式，關鍵的厭氧發酵槽型式為全混合式厭氧發酵器，可處理高固體物含量的進料，同時，因發酵槽內物料均勻分布，無分層狀態，沉積底物和微生物接觸的機會增加，產氣效率一般較傳統型式高，目前市場上各家技術相當成熟，常見型式皆採立式圓柱罐。有別於傳統柱塞流型式，全混合式厭氧發酵器對於進料固體物濃度要求可相對提高，因此，原三段式中第一段固液分離單元可不需設置，將豬糞尿液直接（必要時可經破碎處理）泵送至厭氧發酵槽，經厭氧發酵後的產物，由於有機物性質已趨穩定，透過固液分離處理後，分別得到沼液及沼渣，沼渣可逕行經堆肥處理後變成肥料，沼液則可視為液肥使用；同前節所述，為增加產氣效率，進入厭氧發酵槽前可增設進料調理單元，補充碳源以增加產氣效率。有別於傳統柱塞流型式，全混合式厭氧發酵器對於進料固體物濃度要求可相對提高，因此，原三段式中第一段固液分離單元可不需設置，將豬糞尿液直接（必要時可經破碎處理）泵送至厭氧發酵槽，經厭氧發酵後的產物，由於有機物性質已趨穩定，透過固液分離處理後，分別得到沼液及沼渣，沼渣可逕行經堆肥處理後變成肥料，沼液則可視為液肥使用；同前節所述，為增加產氣效率，進入厭氧發酵槽前可增設進料調理單元，補充碳源以增加產氣效率。欲採行土壤處理之畜牧廢水依規定須經固液分離設施與生物前處理設施之處理，並符合其所規範之水質標準才可申請排放至土壤中，而欲作為農地肥分使用之沼液沼渣依規定須經一定天數之厭氧發酵才可申請施灌於農田。

彙整不同處理階段畜牧廢水之主要成分，廢水中電導度、營養鹽與銅鋅濃度皆有隨處理階段增加而下降之趨勢，以肥分再利用角度而言，經較多前處理程序的畜牧廢水對於作物營養價值較低，但廢水中較低的

重金屬濃度，則可避免土壤重金屬過量累積。然而，調查結果亦證明不同農戶在相同處理階段下，廢水水質變異極大，顯示廢水處理設備的操作方式與管理維護頻率皆會影響其處理效率，進而影響排放水水質。比較厭氧發酵槽上層液（沼液）與下層混合液（沼液與沼渣）性質差異，整體而言下層混合液電導度、營養鹽與銅鋅濃度相對較高，可提供較多植物生長所需的肥分。

綜合上述說明，可評估目前國內仍少有一段式廢水處理之示範場，對於設施、現地及操作技術皆須進一步匯集畜牧業者及設備廠商共同討論與報價，另外畜牧業者亦尚未全數建立配合沼氣發電之觀念，若以技術可行性分析，建議畜牧場先以行之有年且普遍設置之三段式廢水處理設施進行修改，搭配豬廁所的建置提高豬糞尿之收集效率，若有新設需求，再改為設置一段式厭氧發酵處理設施，若同時建立配套措施，使豬糞尿能與農業有機物混料進行處理，則更可提升產氣效能；若以經濟可行性之層面分析，畜牧業者最在意仍為是否需自行出資或是否造成任何額外花費，此部分即需政府或地方主管機關介入，進行補助或輔導為佳。以既有設備做修改而非一次性全面改為一段式厭氧發酵處理最為方便也係最節省花費的做法。

糞尿重金屬對土壤影響

畜牧糞尿資源化將沼液沼渣作為農地肥分，應用於實場灌用以達到廢棄物資源永續及循環經濟的良好政策，畜牧業者為了促進牛、豬隻消化且減少下之情形，而在飼料添加少量硫酸銅及硫酸鋅，造成沼液沼渣中有重金屬銅及鋅殘留；沼液沼渣中有長期施灌於農地土壤重金屬銅鋅

濃度確有累積上升的風險。養豬業常使用重金屬做為飼料的添加劑，主要作為生長促進劑。飼料原料包括玉米、大麥、牧草、大豆粉、肉骨粉與魚骨粉等，原料中銅鋅含量。添加銅為促進生長且可作為腸道抗菌劑的低成本的方法。鋅則是作為剛斷奶的小豬以控制離乳腹瀉情形。且動物皆需要微量的銅鋅作為生長過程酵素的輔助因子。然而，動物對銅鋅卻只能微量的吸收，大約90%的銅鋅皆被排泄至糞尿中。在豬沼液中之銅鋅含量較高，豬沼渣中之重金屬含量更遠高於其他兩者。

依質量守恆定律，可以施用量、重金屬濃度、移除量估算銅、鋅在土壤累積與使用年限。以水稻每年產量 12,000 kg/ha 為例，若以環保署土壤處理上限 400 kg N/ha/yr 之施氮量，則每年牛沼液可施用最大量為 745 Mg/ha/yr，而牛沼液的銅、鋅濃度分別為 1.2、5.2 mg/L，即顯示每年施用重金屬量為 0.89、3.81 kg/ha/yr，而扣除移除量（以稻穀中銅鋅濃度和收穫量計算），土重量約為 2,000 Mg/ha，則每年銅鋅增加量 0.4、1.7 mg/kg，而土壤監測基準為 120、260 mg/kg，扣除土壤銅鋅背景含量約為 20、80 mg/kg，則計算施用牛沼液於土壤，可使用年限分別為 230（銅）年、104（鋅）年。豬沼液可施用最大量為 248 Mg/ha/yr，而豬沼液的銅、鋅度分別為 2.2、19.2 mg/L，即顯示每年施用重金屬量為 0.55、4.76 kg/ha/yr，則每年銅鋅增加量 0.3、2.2 mg/kg，則計算施用豬沼液土壤可使用年限為 383（銅）年、83（鋅）年。豬沼渣可施用最大量為 129 Mg/ha/yr，而豬沼渣的銅、鋅濃度分別為 5.6、49.5mg/L，即示每年施用重金屬量為 0.72、6.39 kg/ha/yr，而扣除移除量後以每公頃 2,000 公噸的土量計算土壤重金屬增加濃度，則每年銅鋅增加濃度 0.3、3.0mg/kg，計算施用豬沼渣土壤可使用年限為 286（銅）年、60（鋅）年。其中施用豬沼渣者，鋅使用年限僅 60 年時限最短，使用時應持續監測土壤鋅含量。

依農委會 106 年沼液沼渣農地肥分使用經驗分享簡報內容，施用畜牧廢水或堆肥均會導致土壤銅鋅的累積，特別是沼渣中的重金屬含量相當高，建議再調降飼料重金屬規範，另建議沼渣不宜施用於農地，應另尋可行處置方式。惟實務上，未來畜牧廢棄物若採一段式處理且併同施灌沼渣沼液，其污染累積年限，應介於單施灌沼渣或沼液。為先行評估可能影響，以下以行政院主計總處「綠色國民所得帳」及農試所試驗結果「中－畜牧場」初步估算混合施灌影響，估算結果重金屬累積達監測標準年限銅為 63 年、鋅為 3 年。

畜牧類資源於農地施用後之氮於地下環境轉化

❈ 污染源作為農地肥分之效益

禽畜糞除富含高量有機質外，亦含作物所需之氮、磷、鉀、鈣、鎂及微量要素，為一綜合肥料，若配合其他農業廢棄物，再將之經過堆肥化腐熟過程後，可製成具多重功能之禽畜糞堆肥。以全台飼養 700 萬頭豬、1 億隻雞與 12 萬頭牛估算，每年產生之禽畜糞廢棄物所含氮、磷、鉀素，相當於化學肥料年施用量中氮、磷、鉀素之 48%、214% 與 100%。妥善利用這些廢棄物可完全取代化肥的使用，但目前只有乾雞糞因處理簡單，施肥成本與化肥相近，養豬場廢棄物則因堆肥化過程成本高，仍在尋找其他利用方式，歐美亦有些國家採行未經處理之豬糞尿直接再利用的方式。

未經處理豬糞尿之肥料性質與化肥者相近，為一速效性肥料，可以其相同要素之含量完全取代化學肥料者，且因其仍含有少量有機質，養

分釋出之速率稍慢於化肥，施肥次數可較施用化肥者少。在合理施用量的調控下，豬糞尿所含肥分可提供作物生長之需。

環境轉化

氮肥施入土壤中，主要有三個去向，包含作物吸收、土壤殘留和環境損失，其中土壤殘留的氮素一部分可被作物繼續吸收；環境損失的氮素包括釋放到大氣部分及經過還原和淋溶，滲入地下環境。氮肥被作物吸收利用的只占其施入量的 30～40%，剩餘氮肥經各種途徑損失於環境中，並對水環境造成污染。在農田氮素進入地水和地下水過程，各種形態的氮素之間、氮素與周圍介質之間，伴隨和發生一系列物理化學和生物化學轉化作用。

吸附作用

土壤顆粒和土壤膠體對 NO_3^-N 具有很強的吸附作用。土壤顆粒的吸附作用取決於土壤顆粒的大小和礦物組成，土壤膠體的吸附作用取決於土壤膠體的組成和面性質。土壤對 NO_3^-N 的吸附作用在氮素運移與轉化過程中主要現在兩個方面：(1) 使大部分的可交換性銨保存在土壤中；(2) 由於土壤對 NO_3^-N 具有保持作用，阻滯了 NO_3^-N 向深層土壤的淋失，減輕了氮素對地下水的污染。

但是當土壤對 NO_3^-N 的吸附達到最大值時，即吸附作用達到飽和時，在滲入水流的作用下，NO_3^-N 還可能進入地下水中，加重對地下水的氮污染。

❖ 硝化作用

亞硝化細菌，能將銨離子（NH_4^+）轉變為亞硝酸鹽類離子（NO_2^-），然後再由硝化細菌氧化成為硝酸鹽離子（NO_3^-）。硝化細菌只能在有氧氣的時候，才進行消化作用是微生物將 NO_2^--N 氧化為 NO_3^--N，由兩個連續而不同的階段構成。第一階段是亞硝酸細菌，能將銨離子（NH_4^+）轉變為亞硝酸鹽類離子（NO_2^-）；第二階段是由硝酸細菌將 NO_2^--N 氧化成 NO_3^--N。硝化作用形成的 NO_3^--N 是植物容易吸收利用的氮素，比 NO_3^--N 容易從土壤中淋失進入地下水。

❖ 脫硝作用

土壤的脫硝作用包括生物和化學的脫硝作用。在農田土壤中，由化學脫硝作用引起的氮素損失意義不大，氮素損失主要由生物脫硝作用引起。土壤中由於硝化作用過程積累的 NO_3^--N 在一定的生態條件下，如土壤濕度大、通氣不良、可溶性有機物含量高時，可被厭氧性脫硝細菌作用，還原成 NO_3、NH_3、NO_2、NO 或 N_2。脫硝作用對農業來說，具有導致土壤和肥料氮素損失以及氮氧化物污染環境的雙重危害。

地下水氮污染途徑包含通過包氣帶滲入、地水側向滲入及灌溉入滲等三項，分述如後。

❖ 通過包氣帶滲入

農田使用的氮肥，除一部分被植物吸收外，剩餘部分殘留在土壤裡，在降水時隨雨水滲入地下污染地下水。污染程度與滲水量多少、包氣帶岩性的厚度和土壤性質等因素有關。

❖ 地水側向滲入

　　生活污水和工業廢水排入河道，不僅污染地水，而且污染的地水又成為地下水的污染源。降雨時農田逕流帶入地水體的氮化物占各種活動排放入水體氮素的 51%，施氮肥地區氮素的流失比不施地區高 3～10 倍。通過河道側向補給地下水的水源具有較高的含氮量，必然影響地下水水質。污染的地水要通過含水層中一段距離的滲透才能到達水源地。在滲透過程中，地水中所含污染物通過土層的自淨作用，濃度有所降低。地水側向滲入污染的特徵是：污染影響僅限於地水體的附近，呈帶狀或環狀分布，污染程度取決於地水污染程度、河道沿岸地質結構、水力條件以及距岸邊的距離。

❖ 灌溉入滲

　　利用地下水進行灌溉，使土壤中殘留的氮化物隨水滲入地下污染地下水，不僅把殘留在土壤中的氮及其污染物帶入地下，同時污水本身的污染物也滲入地下，造成雙重污染。

　　影響氮在土壤中運移的因素，主要為水和溶解態硝酸根向下移動，受重力以及土壤水頭差和化學能差控制。硝酸鹽向深層移動取決於兩個條件：(1) 要有硝酸鹽存在；(2) 水向下移動。後一條件決定於水的滲漏，因為淋溶作用只能出現在有過量水灌進土壤的時候。影響硝酸根從土壤層淋溶的因素和過程大致分為兩類：一類影響土壤的水流，從而影響硝酸根的移動，因為硝態氮一般不受土壤吸附作用的影響；另一類影響土壤中氮素轉化，從而影響硝酸根濃度。

　　影響土壤中氮淋溶滲入的主要因素有降雨量、土壤性質、肥料種類和用量以及植物覆蓋度等。降水量和分布對硝態氮自土壤層向下移動具有相當大的影響。土壤水超量下滲，土地層硝態氮對地下水影響明顯，

滲漏量的大小除取決於降水量或灌溉水量外，還取決於土壤的物理性質，特別是土壤的質地。土壤砂性愈強，硝態氮淋溶損失的潛在可能性愈大，而黏質土淋溶較慢。

對於同一種土壤，氮肥淋失量隨氮肥品種及施用量的不同而有明顯的差異，其中硝酸銨淋失量最高，尿素與硫酸銨的淋失量較低。氮肥淋失量的多少與施肥時期也有密切關系，特別是在植物根系尚未完全發育時，施用大量氮肥會加劇對地下水的污染。

理論上，在各類氮化物中，NO_2^-N 是含氮化合物分解過程的中間產物，也是有機污染的重要標誌之一；NO_3^-N 是含氮有機物經無機化作用的最終產物；NO_3^-N 在水體中存在時，顯示有機物處在分解過程中，可作為判斷水體在近期遇到污染的標誌。另一方面，由於土壤顆粒吸附 NO_3^-N 而幾乎不吸附 NO_3^-N，因此，NO_3^-N 基本上滯留在土壤上層或中層，而硝酸鹽在下層大量存在，NO_2^-N 作為硝化和脫硝過程的中間產物，存在時間有限，因而淋溶損失並不嚴重。

參考 2004 年於彰化縣研究成果，分析彰化縣芳苑地區 16 處水井，測定所抽取地下水水體中硝酸根之氮、氧同位素組成。研究結果顯示：研究區域內水樣 pH 值範圍約在 6.05～7.68 之間，平均值 6.95，未超出農委會灌溉水質標準；EC 值範圍介於 696～2610 $\mu S\ cm^{-1}$ 之間，平均 1448.7 $\mu S\ cm^{-1}$，大多超出灌溉水水質標準（750 $\mu S\ cm^{-1}$），硝酸根濃度之範圍為 0～297.6 $mg\ L^{-1}$，有超出飲用水水質標準（10 $mg\ L^{-1}$）及農委會公告之灌溉用水水質標準（總氮含量為 3 $mg\ L^{-1}$）的情形。經地下水硝酸根氮、氧同位素分析之結果顯示，約有 48% 的水樣中硝酸根來源來自於動物糞肥，16% 來自無機化學肥料，且多位於芳苑 9 號井（即一養豬場）及其周圍；這指出作為肥料輸入之豬糞尿並未對整體研究區

域地下水中硝酸根之氮、氧同位素組成造成全面性之影響，而只有局部地區有硝酸根濃度較高的情況發生。

小結

本計畫對農地受畜牧類資源影響評估與整合型植生復育為主要工作項目，收集國內施用畜牧類資源作為農地肥分使用對農地土壤影響、現地調查已申請畜牧類資源作為農地肥分鄰近民井或地下水監測井、評估畜牧糞尿之使用對土壤之影響；作物選定及採樣分析試驗設計與植生萃取效益評估。根據上述內容，綜合出下列結論：

1. 以鴻懋興畜牧場、三久牧場鄰近、育群畜牧場、時金畜牧場與財宏牧場之地下水監測井（六合國小、大同國小、和平國小、大屯國小與二崙國小）5處場址為例，彙整2014～2018年之水質監測數據顯示，地下水並未受到重金屬污染。

2. 大庄段（212-2）地號及大庄段（514）地號農地灌溉用地下水中無檢測到銅鋅金屬存在，顯示施澆灌沼液到農地並未污染地下水。

3. 三久畜牧場兼氧池階段處理之（沼渣）銅鋅濃度分別為190 mg/kg（＞120 mg/kg）與986 mg/kg（＞260 mg/kg），銅鋅濃度已超過食用作物土壤重金屬監測標準。

4. 以三久畜牧場為例，豬沼液氮濃度為0.0901%，每年每公頃澆灌523.8公噸，重金屬累積年限為1,732（銅）年與1,622（鋅）年。沼渣澆灌農地之重金屬累積年限為80（銅）年與26（鋅）年。沼液沼渣混合液含SS濃度200～5,000 mg/L澆灌農地之土重金屬累積年限為318～1,470（銅）年與115～1,097（鋅）年。

5. 沼液氮含量低時，需澆灌更多沼液量，易使重金屬累積，縮短澆灌年限。

6. 玫瑰花生長為添加沼液沼渣土壤 ＞ 無施灌沼液沼渣之土壤。玫瑰花生長不佳的原因，可能是試驗土壤肥力（氮、磷、鉀）、有機質與導電度值於 600 μs/m 為一般作物會發生鹽害的臨界值，超過時其所形成之滲透壓將影響根系對土壤水分的吸取，而不利於作物之生長。

第三章

高屏地區民眾有福了

以水質 RPI 指標展現河川治理成果

環保署委託筆者進行畜牧糞尿沼液沼渣作為農地肥分使用評估計畫，在探討畜牧糞尿沼液沼渣回收作為農地肥分之效益過程中，蒐集之豬廁所相關資料，並配合一段式厭氧發酵處理單元模組處理畜牧廢水，估算所能減少之畜牧廢水量，進而推估對河川水質改善之成效。蒐集養豬廢水中所含三要素含量以及沼液沼渣肥分成分分析之相關資料，將其與化學肥料進行比較，估算其替代化學肥料減量效果。該計畫更蒐集國外一段式厭氧發酵處理方式之資料，估算此方式於台灣本地運行時所需成本，包含：(1) 糞尿前處理、(2) 厭氧消化參數、(3) 沼渣沼液回收及（4）沼氣發電等項，並與台灣行之已久的三段式畜牧廢水處理進行比較，以提供畜牧業者未來處理畜牧廢水之參考。

環保署用於評估河川水質之綜合性指標為「河川污染指數」（River Pollution Index，簡稱 RPI）。RPI 指數係以水中溶氧量（DO）、生化需

氧量（BOD$_5$）、懸浮固體（SS），與氨氮（NH$_3$-N）等四項水質參數之濃度值，來計算所得之指數積分值，並判定河川水質污染程度。

目前沼液、沼渣計畫的實施已見一道曙光，根據高雄市環保局最新河川水質監測結果顯示，從二仁溪上游二層橋、古亭橋到中游崇德橋，到下游南雄橋、石安橋，有實施沼液、沼渣計畫的河段下游，RPI 顯著改善，這個令人振奮的結果，大高雄民眾未來不必再買水喝了，與民眾切身相關的民生用水問題，也迎刃而解。

高屏溪是高雄市的主要用水來源，目前高市的自來水水質常為民眾所詬病，水源品質不佳矛頭指向畜牧業。可喜的是環保署提出沼液、沼渣肥分再利用計畫。畜牧業廢污水作為農地澆灌之用，廢污水不再排入河川，係屬水污染防治最高境界，廢污水零排放。政府政策口徑亟需一致，衷心期盼農政單位能放棄本位主義，協助環保單位，同心協力謀取民眾最大的福祉。

第四章

以觀賞性花卉整治國內銅、鋅大宗污染場址植生復育之研析

國內因受工業發展及污染物不當排放影響，導致許多土壤遭受污染，其中重金屬未經處理直接排放至農用溝渠造成的重金屬污染累積問題嚴重，以 104 年期間公告列管控制場址為例，次數共計 860 次面積約 209.5 ha，其中以農地遭污染面積比例最高，約占整體的 65%，而重金屬污染物中又以銅（Cu）所占比例最高，鋅（Zn）次之。欲處理的土地面積大，使得解決的困難度及花費相對的提高，有別於傳統土壤整治工法所需耗費成本，以及因使用藥劑而對於土壤質地產生之影響，近年來對環境友善之植生復育法（Phytoremediation）逐漸受到重視，本計畫利用景觀性花卉百合（Lilium formosanum）處理受重金屬 Cu 及 Zn 污染土壤，評估藉由土壤添加可食用性螯合劑 γ-PGA（聚麩胺酸，γ-poly-glutamic acid）、可生物分解螯合劑 EDDS（乙二胺琥珀酸，Etylenediaminedisuccinic acid），以及噴灑植物添加生長激素 GA_3（勃激素 A3，Gibberellic acid）對於土壤重金屬削減之情形，並探討螯合劑添加對於重金屬於植體累積傳輸之影響，以及生長激素對於植體生長之效益；最終以植生復育效益之評估因子，判別景觀花卉（百合花）處理

受重金屬（Cu、Zn）污染土壤之合適操作條件。在本次實驗中重金屬 Zn 組別的植體因重金屬劑量過高而死亡，最終僅有重金屬 Cu 組別之結果，而在 3 倍可食用作物農地土壤管制標準的重金屬 Cu 濃度下，整治條件以在土壤中添加 γ-PGA 並噴灑 GA_3 於葉片最為合適，其植物傳輸係數（Translocation factor, TF）、植物生物濃縮係數（Bioconcentration factor, BCF）與植生復育有效係數（Phytoremediation efficiency factor, PEF）分別為 0.21、0.73 及 0.16，而此次實驗各配置條件下的 TF 值皆小於 1，則示此次實驗中重金屬 Cu 從根部傳輸至地上部能力較為不佳。

前言

依據行政院環境保護署土壤及地下水污染管理基金會統計資料顯示，104 年期間公告列管控制場址次數共計 860 次面積約 209.5 ha，其中農地占 806 次約 136 ha、工廠占 26 次約 18.5 ha、軍事場址占 1 次約 39.2 ha、加油站占 19 次約 2.4 ha；另非法棄置、儲槽與其他共占 8 次約 13.3 ha；而在 860 次的土壤污染場址中，單純受重金屬污染者計 828 次，故可知主要污染物類型為重金屬，且受污染的場址以農地居多，對於農作物所造成的重金屬污染累積問題嚴重。而在土壤污染物種類中，又以受銅污染場址數最多共有 379 次、其次為鎳與鉻污染場址 24 次、鋅污染場址 23 次，其中銅鋅重金屬一般來自農藥、肥料或是畜牧產出廢物，雖為大部分作物生長所需之微量元素，然而當土壤中的銅鋅元素遠遠超出作物生長之需求時，仍會危害作物的生長。故在欲處理的土地面積大且須顧及土壤質地的條件下，解決的困難度及花費也相對的提高許多，如何去解決受污染問題成為了重大的課題。

第四章　以觀賞性花卉整治國內銅、鋅大宗污染場址植生復育之研析

探討土壤重金屬污染整治技術，一般將其分為生物處理法、化學處理法及工程技術法等三類，選擇上則因應各污染場址之污染物種類、土壤性質及整治目標不同，而採用不同的方式，在傳統的整治方法中，常見的有翻轉稀釋法、酸洗法、排土客土法……等。

而相較於傳統的整治方法，近年來植生復育法（Phytoremediation）逐漸廣受重視，其係利用植物吸收和累積土壤重金屬之特性，減少土壤中的污染物濃度或毒性，達到環境的無害化。植生復育法主要有以下幾項優點：第一適用於有機或無機污染的土壤上；第二整治過程中不會破壞土壤本身的質地；第三整治費用較為低廉，最後則是可以美化景觀且整治場址附近居民接受度較高。故基於以上的評估，生物處理中的植生復育實為一項能永續環境的整治技術，而考慮到植體、重金屬以及其他搭配的添加物，植生復育法仍有許多待研究的部分，如何達到更加的整治效果仍須探討。

研究目的

本研究考量到可於農地休耕期種植的實用性，選擇吸水性較佳且以冬春季節為花期的球根植物，採用百合花作為植生復育之植栽選擇，於土壤中添加可食用性螯合劑 γ-PGA（聚麩胺酸）或可生物分解螯合劑 EDDS，並於葉部噴灑植物添加生長激素 GA_3，探討：(1) 添加 γ-PGA、EDDS 以及 GA_3 對於土壤重金屬削減之情形；(2) 添加螯合劑對重金屬於植體中累積傳輸之影響；(3) 生長激素對於植體生長之效益。最終藉由植物傳輸係數（TF）、生物濃縮係數（BCF），以及植生復育有效係數（PEF），評估景觀花卉（百合花）處理受重金屬（Cu 和 Zn）污染土壤之合適操作條件。

文獻探討

重金屬簡介

　　重金屬累積至環境之來源主要分為自然和人為兩種，在一般環境中原有的重金屬濃度不至於影響人體健康或是對環境造成污染，且有一部分重金屬是生物體內所需要的，但來自人為的重金屬則可能會使得重金屬濃度過高，在土壤生態系統中重金屬對土壤微生物具有毒性可能導致其數量和活性減少（Khan et al., 2010）；而種植作物會經由植體根部吸收將重金屬累積至植體，當人們將植體食入則於體內進行累積，會影響身體機能的正常運作，造成身體的病變甚至死亡，本計畫選擇104年土壤重金屬污染場址數最多的重金屬 Cu 和 Zn 進行探討。

景觀性花卉

　　一般觀賞栽培常使用之植物分類方法為：蕨類植物、宿根草（多年生草本花卉）、球根、蘭科植物以及一、二年生草。用於植生復育的花卉選擇上，考慮到重金屬離子態較能被吸水性花卉所吸收，以及須有可配合農地休耕期種植的實用性，故選擇吸水性較佳且以冬春季節為花期的球根植物。然而受限於現有貨源及對景觀效益的考量，葉琮裕老師實驗團隊藉由水耕法，選用百合花、香水百合、球菊和菊花等，一共4種植物進行實驗，在一定的重金屬濃度背景下栽培，其結果如下：百合花之 TF 值為 3.34，相較於其他花卉之 TF 值皆低於 1，百合花在將重金屬向上傳輸到植體地上部的能力上較佳，故考量到後期收穫的便利性，依據植體傳輸的能力，選擇百合花作為本次實驗花卉。

植生復育法

植生復育法包含了下列幾項，分別為植生萃取法、植物穩定化法、根部濾除法、植物過濾、植物揮發、植物分解、植物脫鹽（Alkorta et al., 2004）。

❖ 植生萃取法

由植物根部吸收土壤中污染物（重金屬及有機物），並經由植物的木質部傳輸至植體各部位累積，經一段時間吸收後將植體移除處理，移除後之植體一般以焚化或掩埋為主，避免污染物又回到環境中。在整治期間，需評估植物生長速率及收割時間，避免植體死亡，造成重金屬再釋出環境（Sekara et al., 2005；Yoon et al., 2006；Rafati et al., 2011）。

❖ 植物穩定化法

透過植物根部組織作用，將污染物（有機物及重金屬）濃縮、吸附於根部等。以減少污染物之生物有效性及傳輸性，使其可進一步在環境中分解或於空中揮發（Barceló and Poschenrieder, 2003；Ghosh and Singh, 2005；Yoon et al., 2006；Wuana and Okieimen, 2011）。

❖ 根部濾除法

利用植體根部吸收、濃縮界質中之重金屬。根部過濾效果最為明顯係禾本科植物，其根部具有快速生長及擁有較大之面積（Mukhopadhyay and Maiti, 2010）。

景觀性花卉對於植生復育之應用

　　Abdullah and Sarem.（2010）分析菊花和天竺葵從鉛污染土壤中（1,000 mg/kg）吸收鉛的能力，研究結果顯示，菊花比天竺葵具有更大的鉛蓄積潛力，僅在五個月內，將土壤中的鉛從約 1,000 mg/kg 降低到約 276 mg/kg；大多數鉛在植物的根中發現（73%），而在莖、葉和花中則分別發現 11%、9% 和 7%。Mani et al.（2015）利用野菊花處理含重金屬鉛污染土壤，並結合硫元素及蚯蚓肥分的應用提升植體修復，進而使植栽能於含重金屬鉛污染之土壤安全生長，且其研究結果顯示，同時施用硫以及蚯蚓肥分，可促進植物光合色素，從而增強鉛污染土壤的清潔。

植物生長激素的應用

　　過去相關研究顯示，螯合劑（如 EDTA、EDDS 等）可增加重金屬於土壤之生物有效性，然而其所促使之高土壤重金屬移動性反而可能使植體之生長受到阻礙，進而可能導致植生復育效益減低（Bruno-Fernando et al., 2007），故如何使植體能夠有效生長，以達到長期植生復育之目的則為一重要議題。植物生長激素廣泛用於協助植物生長並增進植物植體之生物質量（Tassi et al., 2008），因此若整合生物激素與螯合劑應用於強化植生復育受重金屬污染土壤應具有良好成效。

　　植物生物激素一般可分為生長素（例如 Indole-3-acetic acid, IAA, Indole-3-butyric acid, IBA 等）、吉貝素（文獻指出約有 70 幾種，其中

最常見者為 Gibberellic acid, GA$_3$），以及細胞分裂素 (cytokinins, CK)
等。

　　Tassi et al.（2008）整合 CK 與 EDTA 用向日葵處理受重金屬 Pb 與
Zn 污染之廢棄場址。結果指出，整合 EDTA 與 CK 有效增進植體吸收
重金屬 Pb 及 Zn 之效率。其指出，CK 可有助於提升植體生物質量、金
屬於地上部位之累積以及植體之蒸散作用。Fässler et al.（2010）結合
IAA 與 EDDS，探討其減低重金屬 Pb 及 Zn 對向日葵毒性之研究，結果
顯示，IAA 可有效減低重金屬 Pb 及 Zn 對植體之毒害（例如減低其幼芽
及根部之乾重、根部長度、根部體積及面積等），且 EDDS 可增進植體
之萃取成效。而 Hadi et al.（2010）研究指出，藉由噴灑 GA$_3$ 與 IAA 於
Zea mays L. 葉部可有效提升植體累積重金屬 Pb 之能力。此外，結合 GA$_3$
或 IAA 與 EDTA 可以有效提升植體累積重金屬之能力，且 GA$_3$ 對於提升
植體重金屬 Pb 之傳輸作用較 IAA 為佳。

聚麩胺酸之特性

　　聚麩胺酸（poly-γ-glutamic acid, γ-PGA）為一陰離子天然產生的同
質多胺，其由 D 及 L-glutamic acid 單元所連結的，以胺基在 α-amino
及 γ-carboxylic acid groups 之間作為鍵結。已知聚麩胺酸為納豆黏質
物，是由 Bacillus natto Sawamura 所產生含聚麩胺酸與聚果醣的混合物
(Sawamura, 1913; Fujii, 1963)。聚麩胺酸之特性及應用為生物生成之
生物聚合物，經發酵生產及純化後具多種用途，其為水溶性，具生物可
分解性，對於人類及環境而言是可食並無毒性的，目前已經廣泛用於食
品、醫療和廢水工業……等。聚麩胺酸的每個單體皆有一個 COOH 官能

基，在中性 pH 下多數成解離狀態而帶負電，所以聚麩胺酸為帶負電的聚合物，對二價及三價的金屬陽離子有良好的螯合效果。因此近年來聚麩胺酸成為研究吸附金屬陽離子，以及清除重金屬的重要材料，如生物聚合物絮凝劑、重金屬吸收劑等用途。

聚麩胺酸之應用（Shin and Van, 2001b）

應用領域用途

1. 水處理金屬螯合劑／金屬吸收劑去除水中重金屬／生物性絮凝劑（Bioflossulants）用於替代 PAC（polyasrylamide）的使用。
2. 食品工業：黏度增強於果汁飲料，運動飲料的增稠劑／烘焙食品、麵粉之氧化抑制劑／增加冷凍食品抗凍劑／動物飼料添加劑促進生物體內礦物質的吸收及提高蛋殼強度，並減少體內脂肪。
3. 醫療與保健化妝應用：藥物載體或持久釋放材料／生物性黏著劑／止血劑醫藥外傷敷料／化妝品的保濕劑。其他用途為吸水劑用於尿布中之替代材料聚丙烯酸酯／清潔劑中之分散劑／化妝品、紙張製造分散。

植生復育效益之評估因子

植物萃取效率可透過計算生物濃縮係數（bioconcentration factor, BCF）、植物傳輸係數 (translocation factor, TF) 及植生復育有效系數

（phytoremediation efficiency factor, PEF）來量化，其中 Croot 為金屬在根部的濃度，Csoil 為土壤中重金屬的濃度，Cshoot 則為金屬在植物地上部的濃度。根據（Jamil et al., 2009）當 TF 值大於 1，顯示金屬從根部傳輸至地上部。另外，植生復育法植物的評估和選擇完全取決於 BCF 及 TF 值，僅有植物 BCF 及 TF 皆大於 1，才具有潛力可用於植物萃取，而超量攝取植物的 BCF 值大於 1，有時可達到 50～100。

研究方法

各項執行步驟（包含植栽培養及相關檢測方法）概述如下，並經由各項參數實驗結果進行分析，以評估藉由土壤添加可食用性螯合劑 γ-PGA、可生物分解螯合劑 EDDS，以及噴灑植物添加生長激素 GA_3 對於土壤重金屬削減之情形，並探討螯合劑添加對於植體中重金屬累積傳輸之影響以及生長激素對於植體生長之效益，並找出景觀花卉百合花處理受重金屬污染土壤之合適操作條件。

❖ 景觀花卉百合花植栽培養

本研究使用之花卉係採自於市售之開苞期的百合花，藉由量測植體地上高度，選擇高度相近之植株，每 3 株種植於一盆栽中。

盆栽實驗 實驗土壤取自市售土壤，於花卉撫育期間事先將可食用作物農地土壤管制標準 3、4 和 6 倍之 Cu、Zn 重金屬加入至實驗盆栽中，並添加生物可分解之螯合劑 γ-PGA 和可生物分解螯合劑 EDDS。每一盆栽配置 2.0 kg 土壤，並將 pH 控制於中性。

待實驗土壤配置完成後，將開苞期的百合花移植於實驗盆栽中。

固定噴灑生長激素 GA₃，並記錄重金屬 Cu、Zn 整合螯合劑與生長激素之花卉生長情形。

種植 15 天後收割，並進行土壤及植體各部位分析，記錄植體各部位對土壤重金屬 Cu、Zn 吸收量情形。

植物型態學分析 由於植體攝取重金屬主要係藉由根部之傳輸功能，因此本研究欲利用百合花植體根部相關型態參數包含根長度、地上部長度等進行分析，並進一步探討其與植體重金屬累積之相關性。此外，植體之乾重（dry biomass）則將植體分為根、莖、葉及花後，以 104°C 烘乾後降至室溫再進行秤重。

重金屬分析 盆栽試驗於植栽百合花種植 15 天收穫後進行重金屬濃度分析，以原子吸收光譜儀（Perkin Elmer AAnalyst 200）分析之。植體重金屬 Cu、Zn 分析：將區分為根、莖、葉、花之百合花植體以烘箱 104°C 烘乾 24 小時，再將其研磨細碎，取 0.55 g 植體添加濃硝酸 12 mL，以微波消化儀進行萃取後，再以 AA 分析。

結果與討論 本次實驗地點為高雄大學工學院六樓，每日觀察重點為各組生長情形、周遭溫度、照度以及土壤濕度。操作天數受前期澆灌水分不足，而延緩植體生長的影響，從原定 15 天延至 36 天才進行收穫。而受限於可購入之百合花株數有限，最後共種植 54 株百合，每 3 株一盆，每盆配有 2 kg 的市售土壤，共分為 18 組。

配置組合則分為「無重金屬」和「有重金屬」兩個部分，其中無重金屬的部分有 2 組，分別為無任何添加物的 Blank 和僅每日噴灑 2 次 10～8 mol/kg 的 GA₃，以下將標示為 Blank 組和 GA₃ 組；而在有重金屬

的部分 Cu 和 Zn 各有 8 組，一共 16 組，其中包括僅 6 倍濃度、僅 4 倍濃度、僅 3 倍濃度，以及在 3 倍濃度下每日噴灑 2 次 10～8 mol/kg GA_3 或於土壤中添加有 500 μmol/kg 螯合劑的 GA_3、γ-PGA、EDDS、γ-PGA + GA_3 或 EDDS + GA_3。以重金屬 Cu 為例，以下將 6 倍濃度標示為 Cu（6×）組，4 倍濃度標示為 Cu（4×）組，3 倍濃度標示為 Cu（3×）組（又稱 Control 組），而有其他添加物的部分，則分別標示為 Cu（3×）+ GA_3 組、Cu（3×）+ EDDS 組、Cu（3×）+ EDDS + GA_3 組、Cu（3×）+ γ-PGA 組和 Cu（3×）+ γ-PGA + GA_3 組。而 Cu（6×）組以及添加有重金屬 Zn 的組別，由於重金屬濃度超出植體負荷，最終於實驗過程中全株死亡，故 Cu（6×）組和與重金屬 Zn 相關的組別將不列入討論。

❖ 植體外觀

植體生長變化整體而言，除了種植前期因水分不足而產生的枯黃和落葉之外，植體在重金屬 Cu 的組別中，外觀並無明顯可見的金屬色澤，也鮮少受重金屬影響而發生凋落或萎縮，其主要原因應為各組植體將重金屬 Cu 從根部傳輸至地上部的能力較為不佳。

❖ 百合花生長情形暨植體型態學分析

將各組植體實驗前和實驗後的地上部長分別取之平均值，並計算出實驗前後地上部長之差值作為增長量，可知實驗後，Blank 組地上部高度與增長量分別為 63.7 cm 和 5.1 cm；GA_3 組地上部高度以及增長量分別為 54.1 cm 和 2.5 cm；Cu（4×）組地上部高度與增長量分別為 63.9 cm 和 2.8 cm；Cu（3×）組地上部高度與增長量分別為 67.1 cm 和 2.5 cm；Cu（3×）+ GA_3 組，地上部高度與增長量為分別為 65.6 cm 和 6.3 cm；Cu（3×）+ γ-PGA 組，地上部高度與增長量分別為 62.4 cm 和 4.0 cm；

Cu（3×）＋ GA₃ ＋ γ-PGA 組，地上部高度與增長量分別為 64.1 cm 和 5.9 cm；Cu（3×）＋ EDDS 組，地上部高度與增長量分別為 63.4 cm 和 6.6 cm；Cu（3×）＋ EDDS ＋ GA₃ 組，地上部高度與增長量分別為 61.9 cm 和 5.8 cm。

其中在本次實驗中噴灑 GA₃ 並無明顯助於植體抽高的效果，主要原因可能為本次實驗採用的植體為開苞期的百合花，此時百合花已結束抽芽，故添加的 GA₃ 主要助於繁殖，而對植體抽高較無幫助。而 GA₃ 組與 Blank 組相比，地上部長平均增長量較低，此可能是受到植體個體差異的影響，GA₃ 組在實驗開始前的地上部長即是各組別中最低的。

❖ 植體重金屬累積分析（Cu）

重金屬含量　Blank 組與 GA₃ 組的部分，由於實驗期間儀器損壞而中止操作，以至於部分數據無法獲得，故不列入下列討論。將同一組的 3 株植體混樣攪碎均勻後，取樣 3 次分別進行微波消化，將重金屬 Cu 分析的濃度取平均。實驗結果，其中地下部吸收量指根部，地上部吸收量指莖、葉和花之總和，而植體總吸收量則為地上部與地下部總和。在 4 倍濃度下，百合對重金屬 Cu 之總吸收量為 287.5 mg/kg，地上部吸收量為 28.8 mg/kg；在 3 倍濃度下，百合對重金屬 Cu 之總吸收量為 126.5 mg/kg，地上部吸收量為 26.5 mg/kg。另外，在 3 倍濃度下，噴灑 GA₃ 的百合對重金屬 Cu 之總吸收量為 158.6 mg/kg，地上部吸收量為 52.7 mg/kg；添加 γ-PGA 的百合對重金屬 Cu 之總吸收量為 277.5 mg/kg，地上部吸收量為 39.8 mg/kg；添加 γ-PGA 並噴灑 GA₃ 的百合對重金屬 Cu 之總吸收量為 144.3 mg/kg，地上部吸收量為 62.8 mg/kg；添加 EDDS 的百合對重金屬 Cu 之總吸收量為 267.7 mg/kg，地上部吸收量為 56.0 mg/kg；添加 EDDS 並噴灑 GA₃ 的百合對重金屬 Cu 之總吸收量為 152.8 mg/kg，

地上部吸收量為 32.7 mg/kg。故可知在 3 倍重金屬 Cu 濃度下，添加有 γ-PGA 的百合植體總吸收量最佳；添加 γ-PGA 並噴灑 GA_3 的百合地上部吸收量最佳。

❖ 重金屬於植體各部的累積量

進一步探討各植體累積於地上部之重金屬 Cu 含量，結果顯示在 4 倍濃度下，重金屬 Cu 於根、莖、葉和花部之累積量比例分別為 93.52%、4.32%、0.94% 及 1.22%；在 3 倍濃度下，重金屬 Cu 於根、莖、葉和花部之累積量比例分別為 86.43%、3.82%、6.59% 及 3.16%。

另外，在 3 倍濃度下，僅噴灑 GA_3 的植體，重金屬 Cu 於根、莖、葉和花部之累積量比例分別為 78.53、9.50%、7.33% 及 4.65%；僅添加 γ-PGA 的植體，重金屬 Cu 於根、莖、葉和花部之累積量比例分別為 90.72%、5.41%、1.51% 及 2.36%；添加 γ-PGA 並噴灑 GA_3 的植體，重金屬 Cu 於根、莖、葉和花部之累積量比例分別為 71.88%、7.04%、13.11% 及 7.98%；僅添加 EDDS 的植體，重金屬 Cu 於根、莖、葉和花部之累積量比例分別為 86.47%、5.46%、3.98% 及 4.08%；添加 EDDS 並噴灑 GA_3 的植體，重金屬 Cu 於根、莖、葉和花部之累積量比例分別為 86.17%、3.55%、7.18% 及 3.10%。

地下部（根部）的重金屬累積量百分比以在 4 倍濃度下的 Cu（4×）組最高；而在 3 倍濃度下，則以 Cu（3×）+ γ-PGA 組最高，Cu（3×）+ EDDS 組次之。另外，地上部的重金屬累積之百分比以 Cu（3×）+ γ-PGA + GA_3 組最高，Cu（3×）+ GA_3 組次之，而其中莖部的重金屬累積之百分比以 Cu（3×）+ GA_3 組最高，Cu（3×）+ γ-PGA + GA_3 組次之；葉部的重金屬累積之百分比以 Cu（3×）+ γ-PGA + GA_3 組最

高,Cu(3×)+ EDDS + GA$_3$ 組次;花部的重金屬累積之百分比以 Cu(3×)+ γ-PGA + GA$_3$ 組最高,Cu(3×)+ GA$_3$ 組次之。

❖ ANOVA 單因子變異數分析

將 Control 組 [Cu(3×)組] 與在 3 倍濃度下的各組添加組進行比較,對植體地上部和地下部之重金屬 Cu 累積濃度做 ANOVA 單因子變異數分析,確認變異數是否相同,以作為 T 檢定的依據,可知地上部的 Control 組與各添加組的變異數皆不同,地下部的 Control 組與各添加組的變異數也皆不同,兩者皆須做變異數不相同之 T 檢定。各添加組與 Control 組於地上部與地下部之 T 檢定結果,藉由中 T 統計之數值絕對值與雙尾臨界值做比較,依其結果分析各添加組於不同部位下之重金屬 Cu 累積量是否與 Control 組有顯著之差異,若 T 統計絕對值<雙尾臨界值,則兩組之間無顯著差異。

Control 組與各添加組對地上部濃度(mg/kg)做出之變異數不相等 T 檢定,在 Control 組與 GA$_3$ 對根部重金屬 Cu 吸收量之 T 檢定中,T 統計值為 41.5 大於雙尾臨界值之 2.78,有顯著差異;Control 組與 γ-PGA 之 T 檢定,T 值為 16.3 大於雙尾臨界值 2.78,有顯著差異;Control 組與 γ-PGA + GA$_3$ 之 T 檢定,T 值為 32.6 大於雙尾臨界值 3.18,有顯著差異;Control 組與 EDDS 之 T 檢定,T 值為 31.2 大於雙尾臨界值 3.18,有顯著差異;最後 Control 組與 EDDS + GA$_3$ 之 T 檢定,T 值為 10.6 大於雙尾臨界值 2.78,有顯著差異,顯示於地上部方面重金屬 Cu 之吸收,各添加組與 Control 組相比皆有顯著差異。

Control 組與各添加組對地下部濃度(mg/kg)做出之變異數不相等 T 檢定,在 Control 組與 GA$_3$ 對根部重金屬 Cu 吸收量之 T 檢定中,T 統計值為 1.55 小於雙尾臨界值之 3.18,無顯著差異;Control 組與 γ-PGA

之 T 檢定，T 值為 15.0 大於雙尾臨界值 4.30，有顯著差異；Control 組與 γ-PGA + GA₃ 之 T 檢定，T 值為 0.55 小於雙尾臨界值 3.18，無顯著差異；Control 組與 EDDS 之 T 檢定，T 值為 13.6 大於雙尾臨界值 4.30，有顯著差異；最後 Control 組與 EDDS + GA₃ 之 T 檢定，T 值為 2.46 小於雙尾臨界值 4.30，無顯著差異，顯示於根部方面重金屬 Cu 之吸收，僅添加 γ-PGA 以及添加 EDDS 之組別與 Control 組有顯著差異。

Control 組與各添加組於植體各部位有無明顯差異，可知螯合劑 γ-PGA 與 EDDS 可針對植體緩解重金屬毒性，整體提升累積量。而噴灑 GA₃ 則有助於將植體地上部吸收重金屬 Cu，其可說明 GA₃ 作用於葉片時，可能會促進養分吸收，使重金屬 Cu 伴隨著養分向上傳輸於葉片部分大量累積。

由實驗結果估算出百合在 3 倍重金屬 Cu 濃度下，TF 值、BCF 值與 PEF 值分別為 0.09、0.56 及 0.05。另外，在 3 倍濃度並噴灑 GA₃ 的情況下，百合的 TF 值、BCF 值與 PEF 值分別為 0.15、0.66 及 0.10；在 3 倍濃度並添加 γ-PGA 的情況下，百合的 TF 值、BCF 值與 PEF 值分別為 0.06、1.04 及 0.06；在 3 倍濃度、添加 γ-PGA 並噴灑 GA₃ 的情況下，百合的 TF 值、BCF 值與 PEF 值分別為 0.21、0.73 及 0.16；在 3 倍濃度並添加 EDDS 的情況下，百合的 TF 值、BCF 值與 PEF 值分別為 0.09、1.01 及 0.09；在 3 倍濃度並添加 EDDS 及噴灑 GA₃ 的情況下，百合的 TF 值、BCF 值與 PEF 值分別為 0.09、0.86 及 0.08。

P 值為 Control 組 [Cu（3×）組] 與各添加組進行變異數不相等 T 檢定之 P（T <= t）雙尾，由其可知在植物傳輸係數 TF 值的部分，僅在添加 GA₃、添加 γ-PGA 以及添加 γ-PGA + GA₃ 的配置下與 Control 組有顯著差異（P < 0.05），其中以 Cu（3×）+ γ-PGA + GA₃ 組之 TF 值為

各組中最佳，Cu（3×）+ GA₃ 組次之，故可知使用 GA₃ 與 γ-PGA 時皆有助於重金屬 Cu 向上傳輸，而添加 EDDS + GA₃ 之 TF 值與 Control 組差異不顯著（P > 0.05），此與黃（2016）在法規值一倍及兩倍重金屬 Cu 土壤中種植向日葵，添加 500 μmol EDDS + 10^{-8} M GA₃ 與純重金屬比較結果相同，其 TF 值相差不大，故可推測在添加 EDDS 的條件下噴灑 GA₃ 對於重金屬 Cu 向上傳輸較無幫助。

生物濃縮係數 BCF 值的部分，則在添加有 γ-PGA 或 EDDS 的配置中皆與 Control 組有顯著差異（P < 0.05），可推斷應是螯合劑與重金屬 Cu 結合穩定的化合物，透過植體吸收作用過程中，將大量重金屬 Cu 從土壤往根部輸送，導致根部重金屬高濃度累積，其中以 Cu（3×）+ γ-PGA 組之 BCF 值為各組中最佳，Cu（3×）+ EDDS 組次之。

參考過去文獻，根據 Jamil et al.（2009），當植物傳輸係數 TF 值大於 1，顯示金屬從根部傳輸至地上部，而 Yoon et al.（2006）則顯示僅有植物 BCF 及 TF 皆大於 1，才具有潛力可用於植物萃取，對比本次實驗的各組配置之數據，則可知僅有 Cu（3×）+ γ-PGA 組與 Cu（3×）+ EDDS 組的 BCF 值大於 1，且各組別的 TF 值皆小於 1，可見在本次實驗各種配置下的百合花，重金屬 Cu 多只傳輸至根部，從根部傳輸至地上部的能力以及植物萃取的潛力皆較為不佳。

另外，根據 Yeh（2011）植生復育有效係數 PEF 值越高，顯示整體植生復育效果越佳。若比較各組 PEF 數值，則可見整體植生復育效果在各添加組與 Control 組間皆有顯著差異（P < 0.05），可知與僅依靠植體本身對重金屬 Cu 之吸收相比，添加螯合劑與生長激素有助於增加百合植體對重金屬 Cu 的吸收以及累積量，提升整體植生復育效率以減少復育時

間，其中又以 Cu（3×）+ γ-PGA + GA₃ 組 PEF 值最佳，Cu（3×）+ GA₃ 組次之。

結論與建議

❈ 結論

植體外觀變化　除了種植前期因水分不足而產生枯黃之外，在配有重金屬 Cu 的組別中，百合花之外觀並無明顯可見到的金屬色澤，也鮮少因受到重金屬影響而凋落或萎縮，其主要原因應為各組植體將重金屬 Cu 從根部傳輸至地上部的能力較為不佳，各組 TF 值皆小於 1，其中 TF 值最高者為 Cu（3×）+ γ-PGA + GA₃ 組的 0.21。

噴灑 GA₃ 對植體的影響及對百合花植生復育的效益　本次實驗採用的植體為開苞期的百合花，此時百合花已結束抽芽，故噴灑的 GA₃ 對植體抽高較無幫助，而主要助於繁殖，促進植體上半部分之成長以及花朵開花。GA₃ 有助於植體地上部吸收重金屬 Cu，故噴灑 GA₃ 於葉部對於植生復育的效益主要為：促進葉片養分吸收，進而使得重金屬 Cu 伴隨著養分向上傳輸於葉片累積的可能性增加。

在 3 倍可食用作物農地土壤管制標準重金屬 Cu 濃度中，比較各組別於植體各部位的重金屬累積量百分比，其中地下部 (根部) 以 Cu（3×）+ γ-PGA 組最高，Cu（3×）+ EDDS 組次高；而在地上部、葉部、花部則皆以 Cu（3×）+ γ-PGA + GA₃ 組最高，Cu（3×）+ GA₃ 組次

高；莖部則以 Cu（3×）+ GA$_3$ 組最高，Cu（3×）+ γ-PGA + GA$_3$ 組次高。

添加 γ-PGA 與 EDDS 對植體的影響及對百合花植生復育的效益　比較各組植體的重金屬 Cu 吸收量，在 3 倍的可食用作物農地土壤管制標準重金屬 Cu 濃度下，植體總吸收量以添加 γ-PGA 的百合花最佳，地上部吸收量則以添加 γ-PGA 並噴灑 GA$_3$ 的百合花最佳。

藉由 T 檢定比較各添加組與 Control 組 [Cu（3×）組]，可知：添加 γ-PGA 或 EDDS 皆有助於地上部及地下部對重金屬 Cu 的吸收。故可知螯合劑 γ-PGA 與 EDDS 可針對植體緩解重金屬毒性，有助於整體提升累積量。

Jamil et al.（2009）表示當植物傳輸係數 TF 值大於 1，金屬從根部傳輸至地上部，而 Yoon et al.（2006）表示僅有植物 BCF 及 TF 皆大於 1，才具有潛力可用於植物萃取，而本次實驗的各組配置中，僅 Cu（3×）+ γ-PGA 組與 Cu（3×）+ EDDS 組的 BCF 值大於 1，且各組別的 TF 值全部皆小於 1，可見在本次實驗各種配置下的百合花，其重金屬 Cu 多只傳輸至根部，從根部傳輸至地上部的能力以及植物萃取的潛力皆較為不佳。

各添加組之 PEF 值與 Control 組間皆有顯著差異（P < 0.05），故與僅依靠植體本身對重金屬 Cu 之吸收相比，添加螯合劑與生長激素有助於增加百合植體提升整體植生復育效率；而根據 Yeh（2011）植生復育有效係數（PEF）越高，表示整體植生復育效果越佳，故在本次的實驗中整體植生復育效果以 Cu（3×）+ γ-PGA + GA$_3$ 組最佳，Cu（3×）+ GA$_3$ 組次之。

利用百合花處理受重金屬 Cu 污染土壤之合適操作條件　考量到後期收穫的便利性以及整體植生復育之效果，植生復育評估因子，可判斷在土壤中存有 3 倍的可食用作物農地土壤管制標準重金屬 Cu 濃度的情況下，於土壤中添加 γ-PGA 並噴灑 GA_3 於葉片，應為本次實驗中利用百合花處理受重金屬 Cu 污染土壤最合適的操作條件，其 TF 值、BCF 值與 PEF 值分別為 0.21、0.73 及 0.16，TF 值與 PEF 值為各配置中最佳的，示重金屬 Cu 向上傳輸能力以及整體植生復育效果最好。

✠ 建議

本次實驗中所使用的 γ-PGA 濃度為比照螯合劑 EDDS 適合濃度配置為 500 μmol/kg，期望未來可藉由實驗找到最合適幫助百合花對受重金屬 Cu 污染之土壤進行植生復育的 γ-PGA 濃度。

本次實驗受限於時間，僅採用開苞期的百合花，期望未來可嘗試以幼苗進行實驗，觀察是否可增加植生復育的效益。

第五章

重金屬探討

養豬業常使用重金屬作為飼料的添加劑,主要作為生長促進劑。添加銅為促進生長且可作為腸道抗菌劑的低成本的方法,鋅則是作為剛斷奶的小豬以控制離乳腹瀉情形。且動物皆需要微量的銅鋅作為生長過程酵素的輔助因子。然而,動物對銅鋅卻只能微量的吸收,大約90% 的銅鋅皆被排泄至糞尿中。其在豬沼液中之銅鋅含量較高,豬沼渣中之重金屬含量更遠高於其他兩者。

根據質量守恆定律,可以施用量、重金屬濃度、移除量估算銅、鋅在土壤累積與使用年限。以水稻每年產量 12,000 kg / ha 為例,若以環保署土壤處理上限 400 kg N/ha/yr 之施氮量,則每年牛沼液可施用最大量為 745 Mg/ha/yr,而牛沼液的銅、鋅濃度分別為 1.2、5.2 mg/L,即示每年施用重金屬量為 0.89、3.81 kg/ha/yr,而扣除移除量(以稻穀中銅鋅濃度和收穫量計算),土重量為約為 2000 Mg/ha,則每年銅鋅增加量 0.4、1.7 mg/kg,而土壤監測基準為 120、260 mg/kg 扣除土壤銅鋅背景含量約為 20、80 mg/kg,則計算施用牛沼液於土壤,可使用年限分別為 230(銅)年、104(鋅)年。豬沼液可施用最大量為 248 Mg/ha/yr,

而豬沼液的銅、鋅度分別為 2.2、19.2 mg/L，即示每年施用重金屬量為 0.55、4.76 kg/ha/yr，則每年銅鋅增加量 0.3、2.2 mg/kg，則計算施用豬沼液土壤可使用年限為 383（銅）年、83（鋅）年。豬沼渣可施用最大量為 129 Mg/ha/yr，而豬沼渣的銅、鋅濃度分別為 5.6、49.5 mg/L，即顯示每年施用重金屬量為 0.72、6.39 kg/ha/yr，而扣除移除量後，以每公頃 2000 公噸的土量計算土壤重金屬增加濃度，則每年銅鋅增加濃度 0.3、3.0 mg/kg，計算施用豬沼渣土壤可使用年限為 286（銅）年、60（鋅）年。其中施用豬沼渣者，鋅使用年限僅 60 年時限最短，使用時應持續監測土壤鋅含量。由於重金屬銅及鋅在土壤中移動能力差，是以土壤一旦遭受污染則必須以客土的方式方能整治，成本所費不貲。因此，欲避免土壤銅、鋅污染，必須自牲畜飼料開始減少重金屬添加量。

第六章

環境永續型植生復育整治重金屬污染土壤暨探討菌相影響之研究

黃（2016）探討植物生長激素（GA_3）、可生物分解螯合劑（EDDS）提升向日葵對重金屬銅、鋅、鉛與鎳之植生復育效益研析，及植生復育過程添加可生物分解螯合劑（EDDS）與植物生長激素（GA_3）在重金屬污染土壤之菌相影響。

得知在含重金屬鎳土壤狀況下，添加可生物分解螯合劑EDDS組比同時添加可生物分解螯合劑EDDS與植物生長激素GA_3組的吸收效果好，植體向日葵在重金屬鉛的土壤中，添加可生物分解螯合劑EDDS於重金屬鉛的土壤時，其對於重金屬鉛的吸收量與無添加可生物分解螯合劑EDDS與植物生長激素的組別相比，差異較無添加了重金屬銅、鋅、鎳之環境下大。

結果顯示，在重金屬鋅的環境下，添加可生物分解螯合劑EDDS＋植物生長激素GA_3組與其餘各組別比較下，在各部位重金屬吸收量效果良好，然而重金屬銅、鉛及鎳效果不比在重金屬鋅下好。

除了重金屬鉛的組別以外，從各組別的地上部所累積的重金屬量就能比較出各組別間的明顯差異，其中有添加可生物分解螯合劑 EDDS 與添加植物生長激素 GA_3 的組別，甚至是只添加可生物分解螯合劑 EDDS 組別數倍。說明了添加植物生長激素 GA_3 能有效使重金屬由植體傳送至地上部（莖、葉、花）進行累積，增加整體植生復育效果，而可生物分解螯合劑 EDDS 則是可以提升重金屬在土壤的流動性，能夠進而增加植體根部對重金屬的吸收量。

　　分別為盆栽實驗中在添加管制標準一倍重金屬銅、鋅、鉛及鎳濃度之土壤情況下，整體植生復育中向日葵植體所吸收的重金屬總量。首先以添加可生物分解螯合劑 EDDS＋植物生長激素 GA_3 與單純添加重金屬的組別進行比較，其添加可生物分解螯合劑 EDDS＋植物生長激素 GA_3 組別在添加管制標準一倍重金屬濃度銅、鋅、鉛及鎳的土壤下，相較其單純添加重金屬之組別，的確能增加向日葵整體重金屬累積量，尤其是以重金屬銅、鋅及鎳的土壤下最為明顯，然而鉛的土壤下差異量則不大。

　　接下來則是添加可生物分解螯合劑 EDDS＋植物生長激素 GA_3 組別與添加植物生長激素 GA_3 組別進行比較，從向日葵植體各組別吸收重金屬總量差異顯示添加植物生長激素 GA_3 組所吸收的重金屬總量低於添加生物可分解螯合劑 EDDS＋植物生長激素 GA_3 組別及添加生物可分解螯合劑 EDDS 組，尤其是以在重金屬銅、鋅及鎳的土壤下最為明顯差異，而在重金屬鉛的土壤下一樣差異不大。

　　說明了添加銅、鋅及鉛之管制標準二倍重金屬濃度之土壤下，添加可生物分解螯合劑 EDDS＋植物生長激素 GA_3 組＞添加可生物分解螯合劑 EDDS 組，而單純添加重金屬組＞添加植物生長激素 GA_3 組，則

添加鎳之管制標準二倍重金屬濃度之土壤下，是添加可生物分解螯合劑 EDDS 組＞添加可生物分解螯合劑 EDDS＋植物生長激素 GA$_3$ 組＞添加植物生長激素 GA$_3$ 組＞單純添加重金屬組。

從向日葵根部各組別重金屬含量差異得知，在含管制標準二倍重金屬濃度銅、鋅及鉛土壤狀況下，同時添加可生物分解螯合劑 EDDS 與植物生長激素 GA$_3$ 組會比可生物分解螯合劑 EDDS 組吸收效果好，然而添加植物生長激素 GA$_3$ 並可使向日葵植體根部吸收效果更好，另外添加管制標準二倍重金屬鎳濃度之土壤下，以添加可生物分解螯合劑 EDDS 組效果最好；相對含管制標準二倍重金屬濃度銅、鋅及鉛土壤狀況下比較，添加可生物分解螯合劑 EDDS 能夠使在管制標準二倍重金屬鎳濃度在土壤中流動性更高，並且使向日葵植體根部吸收效果提高。

比照前面探討含管制標準一倍重金屬濃度鉛的土壤下，向日葵植體根部在含管制標準二倍重金屬濃度鉛的土壤下，有添加可生物分解螯合劑 EDDS 之兩組別，吸收效果都優於其他兩組未添加可生物分解螯合劑 EDDS 許多，並且比照前面探討含管制標準一倍重金屬濃度鉛的土壤下，吸收量也提高了許多。

最後比照前面探討含管制標準一倍重金屬濃度銅、鋅、鉛及鎳的土壤下各組別根部吸收量，添加管制標準二倍重金屬濃度土壤下各組別根部吸收量都有相對的提高，可說明當添加的重金屬濃度高時，向日葵植體根部所吸收的量也會相對提高，並非停止吸收或吸收量下降。

顯示向日葵植體之莖、葉與花部位，在添加管制標準二倍重金屬銅、鋅濃度土壤下，添加可生物分解螯合劑 EDDS＋植物生長激素 GA$_3$ 組吸收量都是優於其他單獨添加或無可生物分解螯合劑 EDDS 及植物生長激素 GA$_3$ 之組別。則添加管制標準二倍重金屬鎳濃度土壤下與添加管

制標準一倍重金屬鎳濃度土壤下比照，都是添加植物生長激素 GA_3 組吸收量優於添加可生物分解螯合劑 EDDS 組，說明了在重金屬鎳土壤下，添加植物生長激素 GA_3 能使向日葵植體重金屬從根部向地上部傳輸的效果提高，故當同時添加可生物分解螯合劑 EDDS＋植物生長激素 GA_3，可以使地上部位吸收效果提高。

最後在添加管制標準二倍重金屬鉛濃度土壤下之向日葵植體之莖、葉與花部位，則是因為在含重金屬鉛的土壤環境下添加可生物分解螯合劑 EDDS 會被生物分解或降解而吸收效果不好，故在添加管制標準二倍重金屬鉛濃度土壤下除了向日葵植體之莖部添加可生物分解螯合劑 EDDS＋植物生長激素 GA_3 組吸收量較優於其他單獨添加或無添加可生物分解螯合劑 EDDS 及植物生長激素 GA_3 之組別以外，葉、花部位之單獨或同時或無添加可生物分解螯合劑 EDDS 及植物生長激素 GA_3 則無太大效果之提升，並比照前面所探討之添加管制標準一倍重金屬鉛濃度土壤下之向日葵植體地上部部位吸收量，各組別差異量及吸收量也並無太大，說明了當添加至土壤中重金屬鉛濃度提高時，並無使向日葵植體地上部吸收量大量提高。

最後比照前面探討含管制標準一倍重金屬濃度銅、鋅、鉛及鎳的土壤下各組別地上部吸收量，除了添加重金屬鉛以外，添加管制標準二倍重金屬濃度土壤下之重金屬濃度銅、鋅及鎳各組別地上部吸收量都有相對的提高，可說明當添加的重金屬濃度高時，向日葵植體地上部所吸收的量也會相對提高許多，並非停滯吸收或吸收量下降。

分別為盆栽實驗中在添加管制標準兩倍重金屬銅、鋅、鉛及鎳濃度之土壤情況下，整體植生復育中向日葵植體所吸收的重金屬總量。首先以添加可生物分解螯合劑 EDDS＋植物生長激素 GA_3 與單純添加重金屬

的組別進行比較，其添加可生物分解螯合劑 EDDS＋植物生長激素 GA$_3$ 組別在添加管制標準兩倍重金屬濃度銅、鋅、鉛及鎳的土壤下，相較其單純添加重金屬之組別，的確能增加向日葵整體重金屬累積量，尤其是以重金屬銅、鋅及鎳的土壤下最為明顯，然而鉛的土壤下差異量則不大。

接下來則是添加可生物分解螯合劑 EDDS＋植物生長激素 GA$_3$ 組別與添加植物生長激素 GA$_3$ 組別進行比較，從向日葵植體各組別吸收重金屬總量差異顯示添加植物生長激素 GA$_3$ 組所吸收的重金屬總量低於添加生物可分解螯合劑 EDDS＋植物生長激素 GA$_3$ 組別及添加生物可分解螯合劑 EDDS 組，尤其是以在重金屬銅、鋅及鎳的土壤下最為明顯差異，而在重金屬鉛的土壤下一樣差異不大。

對照後顯示，在添加管制標準一倍或管制標準兩倍濃度重金屬銅、鋅與鉛之土壤下，添加生物可分解螯合劑 EDDS 加上添加植物生長激素 GA$_3$ 之 BCF 值都為效果最好之組別，且數值在添加管制標準一倍或管制標準兩倍濃度重金屬銅、鋅與鉛之土壤下相差不大，添加管制標準一倍或管制標準兩倍濃度重金屬鎳之土壤下，以添加生物可分解螯合劑 EDDS 組別效果最好，其次是同時添加可生物分解螯合劑 EDDS 與植物生長激素 GA$_3$ 組，說明在含重金屬鎳的土壤下了添加可生物分解螯合劑 EDDS，確實有效提升向日葵植體根部，除了添加管制標準兩倍濃度重金屬鎳時生物可分解螯合劑 EDDS 組低於添加管制標準一倍濃度重金屬鎳以外，其他組別則數差異不大，說明當土壤中重金屬鎳的濃度提高，會使生物可分解螯合劑 EDDS 降低向日葵植體根部吸收重金屬的效率。

對照後顯示，在添加管制標準一倍或管制標準兩倍濃度重金屬銅之土壤下，在添加植物生長激素 GA$_3$ 組數值最高，說明添加植物生長激

素 GA_3 可有效提升重金屬銅在向日葵地上部的傳輸,添加可生物分解螯合劑 EDDS 與添加植物生長激素 GA_3 組與添加植物生長激素 GA_3 組及單純添加重金屬組數值皆相差不大,也說明在含重金屬銅的土壤下,並不會使向日葵植體吸收效果降低。然而在提高重金屬銅濃度時添加可生物分解螯合劑 EDDS 則相對提升許多,說明在含重金屬銅的土壤下,添加可生物分解螯合劑 EDDS 可以確實有效地使重金屬銅被向日葵植體地上部吸收。接著是添加管制標準一倍或管制標準兩倍濃度重金屬鋅之土壤下,當土壤中重金屬鋅的濃度提高時,添加植物生長激素 GA_3 組數值則提升許多,說明添加植物生長激素 GA_3 可有效使重金屬鋅提高在向日葵植體傳輸性及植體地上部吸收量;但若同時添加可生物分解螯合劑 EDDS 與植物生長激素 GA_3 組,則在對比添加管制標準一倍或管制標準兩倍濃度重金屬鋅之土壤下數值較低。接下來是添加管制標準一倍或管制標準兩倍濃度重金屬鉛之土壤下,當土壤中重金屬鉛的濃度提高時,除了添加植物生長激素 GA_3 組以外,其餘各組數值並無太大的差異。只有添加植物生長激素 GA_3 組數值提升,說明添加植物生長激素 GA_3 組在土壤中重金屬鉛濃度提高的環境下時,能有效使重金屬鉛提高在向日葵植體的傳輸性。最後是添加管制標準一倍或管制標準兩倍濃度重金屬鎳之土壤下,當土壤中重金屬鎳的濃度提高時,各組別 TF 值除了添加可生物分解螯合劑 EDDS 組提升以外,其餘各組別都降低,說明添加可生物分解螯合劑 EDDS,可有效使向日葵植體從根部將重金屬鎳向上傳輸。

為添加管制標準一倍及管制標準兩倍濃度重金屬銅、鋅、鉛與鎳之土壤下各組別整體植生復育效果的比較,同時添加可生物分解螯合劑 EDDS 與植物生長激素 GA_3 組別都是整體植生復育效果最好的組別,在添加管制標準一倍及管制標準兩倍濃度重金屬銅、鋅與鉛之土壤下,數值都相差不大,說明即使土壤中重金屬銅、鋅與鉛提高至管制標準兩倍

濃度時，整體植生復育效果並不會有太大的下降或上升，然而在重金屬鎳提高至管制標準兩倍濃度時，整體植生復育效果相對於重金屬銅、鋅與鉛提高至管制標準兩倍濃度時，降低了許多，說明當重金屬鎳提高至管制標準兩倍濃度時，會使整體植生復育效果降低。然而在添加管制標準一倍及管制標準兩倍濃度重金屬鉛的土壤下，不管是添加管制標準一倍及管制標準兩倍濃度重金屬鉛，其整體植生復育效果都低於其他重金屬銅、鋅與鎳土壤下許多。

結果顯示，環境永續型植生復育最佳操作參數選擇，在重金屬銅、鋅與鎳土壤下，同時添加可生物分解螯合劑 EDDS 與植物生長激素 GA_3 之組別 PEF 值，是高於其他組別且重金屬鉛土壤下之任何組別許多。故選擇可生物分解螯合劑 EDDS 加上植物生長激素 GA_3 使用於重金屬銅、鋅與鎳土壤下進行植生復育；而在重金屬鉛的土壤下，可尋找其他更有效率之整治方法。

為三個試驗組別經 PCR 及 DGGE 技術分析所得之菌相變化。重金屬 +H_2O 組共有 13 條亮帶（標示為紅色）；重金屬 +GA_3 組共有 22 條亮帶（標示為藍色）；重金屬 +EDDS+GA_3 組則有 29 條亮帶（標示為綠色）。由於 DGGE 技術是將放大與純化後的樣品 DNA 片段進行梯度篩檢，當有亮帶出現，顯示該樣品中含有亮帶所代之優勢菌群。因此，當樣品中的亮帶數越多時，代該樣品的菌相越豐富，具有不同類型微生物的可能性也較高。

以能源作物向日葵處理過渡金屬鉬及有害金屬鎘植生復育之研析

莊（2016）評估可生物降解螯合劑（EDDS）及植物生長激素（GA_3）對向日葵重金屬植生復育之效益（包括重金屬吸收率、植體各部位累積量、植體累積暨傳輸效益）。

盆栽實驗向日葵地上及地下部重金屬鎘累積量，可得到添加植物生長激素 GA_3 有助於根部的鎘向上傳輸，提升向日葵地上部對於鎘之累積量，而添加可生物分解螯合劑 EDDS 對於植體重金屬累積之功效較植物生長激素 GA_3 佳。若整合植物生長激素及螯合劑，則可大大提升植體對於重金屬累積之能力。

為鎘在各組根部重金屬累積量之箱型圖，可看出添加 GA_3 之組別根部累積鎘的濃度是最低的，主要為 GA_3 促使了鎘向上傳輸累積，因此減少了根部鎘的累積量，而添加 EDDS 之組別能有效提升植物根部對於鎘之吸收，由此可知，螯合劑確實有助於提高重金屬於土壤中的流動性，增加植物根部對於重金屬的累積量。

觀察 Cd 組及 Cd+GA_3 組，發現有添加植物生長激素組植體地上部重金屬累積濃度，明顯較 Cd 組高。由此可知，添加植物生長激素確實能提升植生復育之效果，亦能緩解螯合劑對植體產生的毒害；比較添加螯合劑之組別及未添加螯合劑之組別，發現有添加螯合劑組植體地上部重金屬累積濃度，明顯較其他兩組高。

為鎘在盆栽試驗各組植體各部位吸收之百分比圖，可看出有添加植物生長激素 GA_3 之組別，其根部累積濃度之百分比相較未添加 GA_3 之組別低，由此可知，植物生長激素不僅能促進植物生長增加植物之生質量

（Tassi et al., 2008），亦可增加重金屬在植物體內的傳輸效率，提升根部重金屬向上傳輸的能力，也可以發現盆栽試驗各組別，植體累積濃度百分比最高之部位皆為種子，且其於種子累積鎘的濃度皆高於根部，因此向日葵適合用來處理受鎘污染之土壤，因為即便無添加植物生長激素及螯合劑其都能有效的將鎘傳輸累積於地上部位有效的去除重金屬鎘。

首先是 BCF 值，比較單純添加重金屬及添加植物生長激素 GA_3 之組別，發現添加植物生長激素之組別 BCF 值較低，主要原因為植物生長激素促進了根部重金屬向上傳輸累積的能力，因此降低了根部重金屬濃度；然而觀看添加螯合劑 EDDS 之組別發現，其 BCF 值相較單純添加重金屬有明顯之提升，主要原因為添加螯合劑增加土壤重金屬流動性，進而提升植物對重金屬的吸收量與根部重金屬累積量。

發現有添加植物生長激素 GA_3 之組別，其 TF 值相較未添加 GA_3 之組別高，代添加植物生長激素，不僅可以增加植物的生長，土壤中的重金屬同時也伴隨著養分經由木質部向地上部吸收累積，另外由於植物生長激素亦可提升植物對於重金屬的耐受性，因此也提升了植物對重金屬的累積量。而添加可生物分解螯合劑 EDDS 雖然可增加土壤中重金屬的流動性，提升整體植生復育之效果，但並無法提升重金屬向上傳輸累積之能力。

最後則是 PEF 值，也就是整體植生復育效果的比較，在重金屬鎘污染下，整合螯合劑及植物生長激素之組別 PEF 值最高，故將植物生長激素搭配螯合劑一起使用，對於重金屬鎘污染之處理效果最佳。

盆栽實驗向日葵地上及地下部重金屬鉬累積量比較，可得到無論添加植物生長激素 GA_3 或螯合劑 EDDS 對於鉬向上傳輸效果並不佳，僅能

將少部分的鉬向上傳輸累積於地上部,即便整合兩種化學藥劑,對於鉬向上傳輸累積之效果並不大。

過渡金屬為農業生態系中主要的污染物,為非生物降解的微量金屬,並且其對厭氧沉積物(anoxic sediments)、細黏土(fine clay)、粉砂(silt)及碎屑顆粒(detrital particles)親和力大,而且增加土壤中pH,使硫酸鹽還原(Kabata-Pendias and Pendias, 1984;Alloway, 1990;Kabata-Pendias, 2001)。在集約農業地區過渡金屬的污染主要來自農藥和堆肥,主要是因為土壤淨化速度緩慢且為區域性的,而污染物容易累積於土壤中(Kabata-Pendias, 2001),且能以各種化學型態存在,並且影響金屬的生物利用度(biological availability),不同的土壤特性質對過渡金屬的累積有很大的影響,例如:有機物的含量(Alloway, 1990),過渡金屬也會影響氮的代謝,尤其是影響氮的可利用性和吸收(Rai et al., 1993;Siedlecka, 1995)。

鉬(Molybdenum, Mo)常用於生產射線管、燈絲、螢光屏、收錄機,還可用於生產鎢絲、玻璃以及金屬焊接等。依據美國研究調查顯示,在公共供水中濃度範圍平值為 1.4 μg/L(Durfor et al., 1964);在 15 個主要河流有 32.7% 的地水可檢出鉬,其平均濃度為 60 μg/L,濃度介於 2～1,500 μg/L(Kopp et al., 1967)。鉬在飲用水的品質濃度通常不超過 10 μg/L,研究顯示,在鉬礦區水中鉬的濃度可高達 200～580 μg/L 的濃度(Chappell, 1973)。根據研究調查顯示,成年男性鉬的攝入量估計為 240 μg/d,婦女為 100 μg/d(Tsongas et al., 1980;Pennington et al., 1989;Greathouse et al., 1980)。鉬是動物以及人體的必需微量元素,美國建議的安全和適宜的攝入量如下:嬰兒為 0.015～0.04 mg/d;1～10 歲為 0.025～0.15 mg/d;10 歲以上為 0.075～0.25 mg/d(NAS, 1989)。NOAEL 為 0.2 mg/L(Chappell et al., 1979)。對前蘇

聯高鉬區三個居民調查顯示，高濃度鉬的攝入（10～15 mg/d）引起痛風樣病，發病率為 18～31%（Koval'skij, 1961）。

為鉬各組根部重金屬累積量之箱型圖，可發現單純添加重金屬之組別其根部重金屬累積量最高，其原因為沒有化學藥劑的輔助使得鉬無法向上傳輸而累積於根部，而無論添加 GA_3 或 EDDS 之組別，其根部鉬累積量都較單純添加重金屬之組別低，其原因為此兩種藥劑之添加使得鉬向上傳輸累積，因此根部重金屬濃度較低，其中又以整合 GA_3 及 EDDS 之組別效果較佳。

所得之結果，可看出 EDDS 的添加能提升地上部植體各部位對於鉬的累積，觀察各組別發現於莖及葉皆以單純添加重金屬之組別鉬濃度最高，而若觀察花及種子部位則可發現添加 EDDS 及 GA_3 之組別濃度為最高，由此可看出 EDDS 及 GA_3 的添加確實能增加重金屬的移動性及傳輸性，使得鉬向植體更高部位累積。

為鉬在盆栽試驗各組植體各部位吸收之百分比圖，可看出除了單純添加重金屬其根部累積百分比為最高，由此可知，無論添加 EDDS 及 GA_3 皆能使鉬向上傳輸累積，主要為植物生長激素及螯合劑皆可增加重金屬在植物體內的傳輸效率，提升根部重金屬向上傳輸的能力；也可以發現盆栽試驗各組別除了單純添加重金屬之組別，其餘組別植體累積濃度百分比最高之部位皆為葉，且其於葉累積鉬的濃度皆高於根部，因此整合螯合劑及植物生長激素可用於鉬金屬之土壤整治。

首先是 BCF 值，可看出單純添加重金屬之組別其 BCF 值為最高，由此可知，添加 GA_3 或 EDDS 確實能提升根部的鉬向上傳輸累積的能力，進而減少根部鉬的濃度，但效果並不顯著。

發現有添加植物生長激素 GA₃ 或 EDDS 之組別，其 TF 值皆有提升，代添加植物生長激素可提升植物對於重金屬的耐受性，同時也提升金屬向上傳輸累積的能力，添加可生物分解螯合劑 EDDS 增加土壤中鉬的流動性，同樣也使其向上傳輸累積於地上部。

最後則是 PEF 值，也就是整體植生復育效果的比較，在重金屬鉬污染下，整合螯合劑及植物生長激素之組別及 Mo + GA₃ 之組別 PEF 值最高，但其效果並不顯著，因此若考慮到化學藥劑之使用對於植體及環境之影響，建議可單純僅以向日葵植生復育整治鉬土壤污染即可。

由於植生復育之植體後續需進行收割，其根部會留於土壤中，因此若要評估整體植生復育之效果好壞，建議以 PEF 值來進行比較。將本研究與吳（2015）及黃（2016）兩篇文獻進行比較。於吳（2015）中，發現向日葵對於銅、鋅、鉛之 PEF 值範圍，分別介於 0.264～0.958、0.598～1.769 及 0.030～0.445。於黃（2016）中，其銅、鋅、鉛、鎳之 PEF 值，分別介於 0.34～0.51、0.24～0.77、0.02～0.03 及 0.65～1.56，而本研究鎘及鉬之 PEF 值，則分別介於 1.1～3.6 及 2.1～2.4。

發現向日葵對於鉛之整治復育效果較差，即便透過螯合劑及植物生長激素的添加效果仍較其他組別差，由此可知，向日葵對於鉛的累積能力較差，因此建議改用其他植栽整治鉛污染之場址，但若單看鉛組可發現螯合劑及植物生長激素的添加，確實能改善向日葵植生復育之成效，比較兩篇銅、鋅、鉛之 PEF 值，其差異主要原因推測為其操作期間之氣候條件等影響，以及其所添加之植物生長激素及螯合劑不同所引起。將本次實驗所得之結果與此兩篇文獻進行比較，可發現向日葵無論用於整治受鎘或鉬污染之場址，其效果皆優於銅、鋅、鉛、鎳。

第七章

以藥用植物忍冬處理重金屬植生復育之研析

本研究主要探討藥用植物忍冬於受重金屬污染土壤環境下，植體對於銅、鋅之吸收情況，並添加可食用螯合劑聚麩胺酸改變土壤與重金屬鍵結情形，並噴灑植物生長激素促進植物生長，以提升植物吸收重金屬之效益。

　　Liu et al.（2009）以忍冬進行鎘植生復育之研究，其結果顯示於 21 天後在鎘濃度為 5 和 10 mg/L 下，忍冬之外觀無任何不良影響；濃度為 25 mg/L 時，其葉部、根部與生物量與控制組比較皆無顯著差異；當濃度為 50 mg/L 時，其葉片泛黃且根部有深棕色斑點，但生物量與控制組無明顯差異；隨著鎘的濃度增加，其根部長度逐漸減少，但在統計上並不顯著，而於低濃度鎘下生長忍冬生長高度、葉及根的生物量增加，由此可知忍冬可用於鎘之植生復育，而鎘之毒性相較於銅、鋅來得大，因此亦可推測忍冬也可適用於銅、鋅之植生復育。

第八章

水稻輔以可食用螯合劑（R-PGA）對重金屬 Cd 吸收累積之機理研究

聚麩胺酸 poly-γ-glutamic acid（簡稱 PGA）。聚麩胺酸為生物合成之生物聚合物，由發酵生產、純化後具多種用途。為水溶性，具有生物可分解性，對於人類及環境而言，是可食的，並無毒性的。γ-PGA 及其衍生物可能的應用過去幾年，在工業領域方面有廣大的研究，像在食品、化妝品、藥品及廢水處理方面重金屬吸收劑、生物聚合物絮凝劑等。因此，本研究將選用聚麩胺酸及比較一般常見螯合劑（EDDS、EDTA）作為修復土壤之選用參數，探索其種植於台灣污染農地去除土壤中重金屬鎘之成效並探討施用後重金屬鎘於水稻植體各部位之移動性，同時盆栽試驗做完後，為了得知生長激素之添加是否造成土壤中或是植體中官能基之改變，故將其樣品進行 FTIR 分析，及進行後續的 PCR 土壤菌項分析，以建立台灣土壤復育的應用基礎。

以景觀性花卉復育經畜牧廢棄物污染農地之研究

近來農委會推行將未經處理之豬糞尿回收,直接施於農田灌溉,是種廢棄物回收再利用的概念。但以畜牧廢水回收再利用的方式仍存在著疑慮,主要是其中所含重金屬銅、鋅會在土讓中累積,對於農地的永續利用非常不利。應當清查、監測農地是否為畜牧廢棄物施灌、堆肥場址,以進行提報控制計畫,農田於休耕期間經變更後成為花海農場,同時公布逐年逐區改善及利用景觀性花卉進行整治工作計畫及期程及增加休耕期程。農地再開發對於政府是有好處的,如場址經整治、施作花卉後,土地開發者及附近居民可以因周遭土地價值提升而獲利;政府單位可以解決環境危機,增加投資者,提供更多在地的就業機會,並增加國庫稅收、減少休耕補貼,對社會、經濟各層面來說,無疑是一個龐大的經濟誘因。

土壤序列萃取程序

經烘箱104°C烘乾之底泥過篩後,取底泥2.5 g,加入萃取液50 mL震盪16小後,以離心方式達固液分離取上層液,再以AA 200分析。取出上層液後加入下階段萃取試劑再進行實驗。萃取液分別為1.0 M KNO_3、0.5 M KF、0.1 M $Na_4P_2O_7$、0.1 M EDTA、HNO_3分別代可置換態、吸附態、有機物鍵結、碳酸鹽鍵結、金屬硫化物鍵結等型態,其中硫化物鍵結係以微波方式進行萃取。

第八章　水稻輔以可食用螯合劑（R-PGA）對重金屬 Cd 吸收累積之機理研究

❖ 植體重金屬分析

植體於試驗結束後，放置烘箱以 104°C 烘乾 24 小時，再將其根、莖及葉部研磨細碎，取 0.3 g 植體，加入 10 mL 濃硝酸後以微波消化前處理，消化萃取液過濾後以原子吸收光譜儀分析之，探討添加螯合劑植體地下（Roots）與地上（Shoots）部分吸收重金屬銅、鋅之程度。

❖ 結果與建議

重金屬對土壤地下水的污染為一嚴重環境污染之問題，因此有效率的整治方法是必須的。然而一般的污染整治技術，存在著許多的限制，例如：高成本、為不可逆的、破壞土壤中的微生物且可能造成二次污染。相反的，植生復育為一環境友善之方法並具良好的公眾接受度，且植生復育為太陽能驅動之技術及藉由文獻蒐集與整理可以發現：螯合劑的使用，可增加土壤中重金屬的流動性。植物生長激素的添加，可緩解重金屬對植物所產生的毒害，增加植物生物量。螯合劑與植物生長激素的添加，可以增加植物萃取的效率。

綜合上述發現，植生復育為一可行之污染整治技術，不僅所需成本較低且是環境友善之整治技術，根據文中農地污染與整治評估，也可看出植生復育為一具潛力之整治技術，由於植物本身對於重金屬具吸收能力，因此若以受污染之農田將來之土壤恢復力及經濟效益為考量，建議可以植生復育對受污染之農田進行整治，並輔以螯合劑及植物生長激素促進整體植生復育之效益，並加速達成整治之目標。

第九章

廢土變黃金

　　環保署水保處於 104 年發布「水污染防治費收費辦法」，其中畜牧業將於 107 年度起開始徵收水污費，為推動污染源頭削減，促進河川水體清潔，減輕畜牧業者負擔，並將畜牧糞尿視為有價資源再利用，環保署遂於民國 104 年修正發布「水污染防治措施及檢測申報管理辦法」及於 105 年發布修正「水污染防治措施計畫及許可申請審查管理辦法」，訂定畜牧業沼液沼渣農地肥分使用之相關規範。

　　經近一年之政策推動試行，水保處於 105 年 10 月修正沼液沼渣農地肥分使用相關管理規定，如增訂畜牧業糞尿再經曝氣處理後之物質亦可歸類為沼液沼渣作為農地肥分使用、刪減部分沼液沼渣、土壤及地下水檢測項目等，簡化相關作業申請程序與規定。上述情形雖有益更多畜牧業者投入參與沼液沼渣作為農地肥分使用之行列，然目前國內對於畜牧廢水多採用三段式廢水處理，簡化申請程序易造成未來畜牧廢棄物處理技術變革後（一段式處理），配套措施因應不及。復因農委會研究成果，施用畜牧廢水或堆肥均會導致土壤銅、鋅的累積，其中單純施用沼

渣情境下，土壤鋅濃度 1～24 年即累積超過土壤污染監測標準，而國內亦尚無針對沼液沼渣造成土壤銅、鋅污染之前瞻型污染改善研究。

為預防及評估未來畜牧業沼液沼渣農地肥分使用造成農地土壤及地下水污染，並研發以景觀性植物或能源作物搭配可食用螯合劑及生長激素，辦理重金屬銅、鋅污染植生復育，規劃辦理「農地受畜牧沼液沼渣污染之前導性植生萃取研究」。

參照「彰化縣農地污染控制場址現地植生復育重金屬污染土壤之可行性評估計畫」所提出之復育所需時間估算，如下：

需移除之重金屬總量（kg/ha）
　＝（土壤最高濃度－監測基準）× 2,000,000 kg/ha × 10^{-6}

其中 2,000,000 kg/ha 為一公頃、土 15 公分之土壤重量估算值

復育所需時間（年）
　＝需移除之重金屬總量 ÷ 大面積試驗植物之最高總移除量 ÷ 5（每年種植之次數）

控制組銅大面積試驗植物之最高總移除量（kg/m^2）
　＝向日葵銅吸收總量（mg/kg）× 向日葵植生量 × 向日葵種植密度

控制組鋅大面積試驗植物之最高總移除量（kg/m^2）
　＝向日葵鋅吸收總量（mg/kg）× 向日葵植生量 × 向日葵種植密度

套用潘（2009）「探討植物去除重金屬能力暨添加螯合劑提升植物萃取之效益」所得之結果估算向日葵銅、鋅復育所需時間，如下：

試驗盆栽面積為長（0.7 m）、寬（0.3 m），所以面積約為 2 m²，一盆栽種 4 株，因此植物種植密度為 2 株/m²，以銅控制組為例：

需移除之重金屬總量（kg/m²）

　　= （800－220）×2,000,000×10⁻⁴ kg/m²×10⁻⁶ = 0.116 kg/m²

控制組銅大面積試驗植物之最高總移除量（kg/m²）

　　= 0.4112 mg/kg×0.012 kg×2 株/m² = 0.01 kg/m²

復育所需時間（年）= 0.116 kg/m² ÷ 0.01 kg/m² ÷ 5 = 2.3 年

試驗盆栽面積為長（0.7 m）、寬（0.3 m），所以面積約為 2 m²，一盆栽種 4 株因此植物種植密度為 2 株/m²，以鋅控制組為例：

需移除之重金屬總量（kg/m²）

　　= （4000－260）×2,000,000×10⁻⁴ kg/m²×10⁻⁶

　　= 0.748 kg/m²

控制組銅大面積試驗植物之最高總移除量（kg/m²）

　　= 4.185 mg/kg×0.014 kg×2 株/m²

　　= 0.12 kg/m²

復育所需時間（年）= 0.748 kg/m² ÷ 0.12 kg/m² ÷ 5 = 1.2 年

以上結果僅以單純向日葵整治土壤重金屬銅、鋅，若欲快速達成整治目標，可輔以螯合劑及植物生長激素，提升整體植生復育之效果。

植生復育之效益評估因子

植物萃取的效率可透過計算生物濃縮係數（bioconcentration factor, BCF）、植物傳輸係數（translocation factor, TF）及植生復育有效系數（phytoremediation efficiency factor, PEF）來量化。生物濃縮係數為植物從周遭的環境累積金屬至組織的效率（Ladislas et al., 2012）。其計算方法如下（Zhuang et al., 2007）。

Croot 為金屬在根部的濃度，而 Csoil 則為土壤中重金屬的濃度。

植物傳輸係數為植物累積的金屬從根部轉移到地上部的效率。其計算方法如下（Padmavathiamma and Li, 2007）。

$$TF = C\_shoot/C\_root$$

Cshoot 為金屬在植物地上部之濃度，Croot 則為金屬在根部的濃度。

BCF 及 TF 皆為重金屬植物萃取法篩選超量攝取植物（hyperaccumulators）之重要因子。植生復育法植物的評估和選擇完全取決於 BCF 及 TF 值（Wu et al., 2010）。於 BCF 中，根部金屬累積的濃度是非常重要的，可用來作為選取植物萃取之植物的依據（Sakakibara et al., 2011）。植物傳輸係數大於 1，表示金屬從根部傳輸至地上部（Jamil et al., 2009）。根據 Yoon et al.（2006），僅有植物 BCF 及 TF 皆大於 1，才具有潛力可用於植物萃取，超量攝取植物 BCF 大於 1，有時可達到 50～100（Cluis, 2004）。然而土壤中高濃度的金屬可能導致 BCF 小於 1，舉例來說：在超鎂鐵質的土壤（ultramafic soils），土壤中的 Ni 為 3,000 mg/kg，植物中則為 2,000 mg/kg，或相反地在植物生長的土讓

中缺乏必要元素（如 Zn），可能是固碳效率非常高，因此具有很高的 BCF，但組織內金屬的濃度非常低。因此 BCF 用於比較在均質土壤之情況下生長之植物，或用於水耕作物，具有一小優點可用於簡單的比較葉面金屬的濃度（van der Ent et al., 2013）。BCF 是一方便可靠的方法，可量化重金屬在植物中生物利用度的相對差異（Naseem et al., 2009）。

　　吳（2014）以向日葵整合植物生長激素（IAA 與 GA_3）、螯合劑（EDTA 與 EDDS）與過氧化鈣，模擬受銅、鋅、鉛污染之土壤進行盆栽實驗，於銅及鋅之組別其 BCF 值皆以 GA_3 + CaO_2 + EDDS 組別為高，分別為 0.250 及 0.604，而鉛之組別則以 GA_3 + CaO_2 + EDTA 之組別的 0.213 為最高，觀看銅、鋅、鉛各組的 TF 值，分別以 GA_3 + CaO_2 + EDDS、IAA + CaO_2 + EDTA 及 IAA + CaO_2 + EDDS 組別的 3.83、3.21 及 3.39 為最高，而於 PEF 值中銅及鋅皆以 GA_3 + CaO_2 + EDDS 最高分別為 0.958 及 1.769，於鉛之組別則以 GA_3 + CaO_2 + EDTA 組別的 0.445 為最高；黃（2016）則以向日葵整合植物生長激素（GA_3）及螯合劑（EDDS），模擬受銅、鋅、鉛、鎳污染之土壤進行盆栽試驗，首先看到 BCF 值，於銅及鋅中皆以 EDDS + GA_3 組別為最高，分別為 0.23 及 0.27，於鉛組各組別之 BCF 差異不大，鎳組則以添加 EDDS 的 0.74 為最高，銅及鎳之 TF 值皆以 EDDS + GA_3 組別為最高，分別為 2.88 及 3.88，銅組以添加 GA_3 的 3.14 為最高，而鉛則以單純使用向日葵進行植生復育的 1.09 為最高，最後則是 PEF 值，可看出銅、鋅、鎳皆以 EDDS + GA_3 組別效果最佳，分別為 0.51、0.77 及 1.56，而於鉛組各組別之 PEF 值差異不大。

螯合劑之介紹

傳統植生復育使用超量累積植物去除土壤中的污染物，但污染源並非為同種重金屬，超量累積植物針對的重金屬只有單一種，其效果為最好，但目前尚無鉛之超量累積金屬，且其在複合（兩種以上）重金屬污染下，其植生復育效果有限。為了能提升值生復育的效率，近幾年研究經由螯合劑的添加，可增加土壤中重金屬流動性並且提升植物對重金屬之吸收及傳輸效果。Nowack et al.（2006）指出藉由螯合劑提升植生復育效率有兩項主要機制，一為增強土壤重金屬之移動性及傳輸性，二為植物植體對金屬-螯合劑錯合物之吸收與轉移。添加螯合劑改善植體萃取之效率，提升植物吸收重金屬效率及植體根莖部位傳輸性。螯合劑溶出及錯合重金屬之能力，可達到增加重金屬移動性以及提升重金屬於根部與地上收割部位之傳輸，被錯合之重金屬，可被根部累積且有效傳輸至植物之地上部位。

生物可降解螯合劑 EDDS（ethylenediaminedisuccinic acid, $C_{10}H_{13}N_2O_8$）於近期受到關注，EDDS 易被土壤分解也產生較少有害副產物，其與重金屬（如 Cr、Fe、Pb、Cd、Na、Cu、Ni）之錯合物皆可被生物分解，唯 Hg-EDDS 錯合物由於具毒性而不被微生物所分解。目前 EDDS 以被用於取代傳統螯合劑 EDTA，由於其可生物降解特性且其對微生物的影響較 EDTA 低，通常可被忽略（Ultra et al., 2005）。因此他被認為可用來提取重金屬的螯合劑，例如：銅和鋅（Luo et al., 2005；Meers et al., 2005；Luo et al., 2006；Jaworska et al., 1999）。除了金屬 EDDS 也被用來評估同時去除土壤中的 PAHs 及金屬（Luo et al., 2015）。EDDS 增強 PAHs 的提取且顯著的提升銅的去除（Sun et al., 2009；Wen and Marshall, 2011）。

Meers et al.（2005）利用五種柳樹復育受重金屬 Cd、Cr、Cu、Ni、Pb 及 Zn 污染土壤之可行性，添加 EDDS 針對三種不同污染程度土壤進行植生復育整治實驗，結果顯示，植體對於 Cd 及 Zn 有較高之吸收效果，在高濃度重金屬土壤中，添加 EDDS 與控制組相較下，植體莖部重金屬鎘之含量可提升 60%、葉部則可提升 35%。於廢礦場土壤中，莖葉則能分別提升 97 及 45%。而添加 EDDS 無法增加植體質量，推測其原因可能係重金屬吸收過多造成生物毒害性。

　　Evangelou et al.（2007）研究菸草吸收重金屬之效益，結果顯示添加過量的 EDDS 對於菸草具有其毒害性。實驗使用螯合劑濃度為 1.5～50 mmol/kg，惟當添加 3.125 mmol EDDS 時之可發現其對植體之毒害現象。在低濃度組土壤實驗中，添加 EDDS 對於植物吸收重金屬 Cu 具成效，且重金屬主要累積於根部，EDDS 及 EDTA（濃度均 1.5 mmol/kg）添加對於植體 Cu 之吸收量可提升 7 倍及 12 倍，但對 Cd 則無顯著提升。對於受多種重金屬污染之土壤，添加螯合劑並非能提升植物吸收重金屬，添加螯合劑 EDDS 及 EDTA 對重金屬 Cu 有良好之累積效果，對 Cd 卻無顯著之提升。EDDS 是屬於易生物分解螯合劑，有學者研究指出 EDDS 於土壤半衰期為 2.5 天，即殘存於土壤中的 EDDS 將隨時間而迅速減少（Luo et al., 2005）。

　　聚麩胺酸為陰離子型高分子聚合物，其結構組成為 α-螺旋和 β-折疊，它的分子鏈上具有活性較高的側鏈羧基（-COOH）、胺基（-NH）及羰基（-CO）等多種官能基團，這些官能基團提供聚麩胺酸進行化學或生物反應的活性。聚麩氨酸可螯合重金屬，對於二價、三價金屬離子（Mg_2^+、Ca_2^+、Ni_2^+、Cu_2^+、Mn_2^+、Fe_2^+、Cr_2^+）具有相當良好之整合效果（何氏，2006）。主要為聚麩胺酸之 COOH 官能基所帶的靜電會與金屬離子相互影響。亦逐步應用在生物膜（biofilim）上來處理水中重金

屬。聚麩胺酸為多價陰離子，對二、三價金屬離子（鎂、鈣、鎳、銅、錳、鐵、鉛以及鉻）具有相當好的螯合能力，主要為聚麩胺酸之 -COOH 官能基的負電作用與金屬陽離子相互影響，所以聚麩胺酸對於吸附土壤、海洋、垃圾以及廢水重金屬有相當大的效果（陳氏，2007; Siao et al., 2009; Bajaj and Singhal 2011; Kumar and Pal 2015; 吳氏，2015）。在水處理之應用上，因 γ-PGA 為多價陰離子聚合物，其結合後所形成之鹽類結構。過去學者將 γ-PGA 應用在環境上處理重金屬之整理，其中可見，多數學者皆提出聚麩胺酸鍵結金屬時會受 pH 的影響（Inbaraj et al., 2006; 陳氏，2007; 林氏，2008; Siao et al., 2009）。因此，在本研究中即需針對不同聚麩胺酸 pH 進行試驗，評估聚麩胺酸於不同 pH 時對土壤中重金屬之移除效率。

聚麩胺酸處理重金屬之研究彙整

處理對象 -γ-PGA 研究內容 - 結果摘要 - 文獻來源

Hg γ-PGA 不同參數下對重金屬汞之吸附效應。無論是輕的或重的金屬離子，都會降低 PG 對汞（II）的鍵結而影響對汞（II）的去除。此外，結果顯示，鈣離子比起鈉或鉀等單價離子更顯著地影響 PGA 的鍵結。而使用鹽酸調節 γ-PGA 之 pH 值至 2，可回收 98% 汞。(Inbaraj et al., 2009)

Hg 聚麩胺酸吸附於海砂之研究及應用於汞之清除 pH 值對 PGA 吸附於海砂具有影響作用，其中以 pH 5 時吸附量最多，對汞的吸附相對也最好。PGA 於 pH 5、0.4%（w.t）有最大吸附量 7.0 mg sodium polyglutamate / 每克海砂。（陳氏，2007）

Pb, Cd 以不同 pH、接觸時間、金屬濃度、γ-PGA 劑量等參數進行吸附試驗，試驗結果顯示，γ-PGA 對 Pb 及 Cd 之最佳鍵結含量在 pH 5.5 時，各分別為 213.58 以及 41.85 mg metal/g PGA。（Siao et al., 2009）

Cu 以不同 pH、溫度等條件進行吸附試驗 Langmuir 試驗結果顯示，γ-PGA 對 Cu 之吸附含量為 77.9 mg/g，且其在 25°C、pH 4.0 時鍵結常數為 32 mg/L（0.5 mM）。Cu_2^+ 與 PGA 的吸附與溫度之關係在 7～40°C 間無相關，且當增加離子強度將會減少金屬離子鍵結。Cd_2^+ 與 Zn_2^+ 會與 Cu_2^+ 競爭 PGA 的鍵結位置。（Mark et al., 2006）

✳ 處理對象 -γ-PGA 研究內容 - 結果摘要 - 文獻來源

Cu, Pb, Cr（III）, Ni 將 PGA 與 Fe_3O_4 交聯（γ-PGA/Fe_3O_4 MNPs），並以此進金屬吸附試驗，試驗結果顯示，γ-PGA/Fe_3O_4 MNPs 有較小的粒徑（52.4 nm）與較大的比面積（88.41 m^2g^{-1}）。其對去離子水中的 Cr_3^+、Cu_2^+、Pb_2^+ 之去除皆可達 99%，對 Ni_2^+ 的去除則可達 77%。(Chang et al., 2013）

Cu 以磁鐵粉（MNPs）交聯聚麩胺酸（γ-PGA）後作為吸附劑，探討該吸附劑對重金屬銅離子 (Cu_2^+) 的吸附效果。pH 值越高越利於吸附，先加入濃氨水產生銅-氨錯離子，讓 pH 值提高為 11.3，吸附效果最佳，且吸附 5 分鐘可讓反應達平衡狀態。對於 256 ppm 銅離子溶液，吸附劑質量為 0.25 g 時吸附率最高 75.6%，但吸附量則以 0.05 g 吸附劑的 41.73 mg/g 最具效率。當固定吸附劑 0.1 g 時，銅離子濃度越高，吸附劑之吸附量增加但吸附率卻下降。（吳氏，2015）

Cu, Pb, Cd 探討 6 種類型之 1 ppm γ-PGA（鈉離子型、鈣離子型）對重金屬吸附量變化。6 種 γ- 聚麩胺酸中以 γ-PGA（Na^+ form）HM 者

效果最佳，而 γ-PGA（Ca_2^+ form）LM 與 γ-PGA（Na^+ form）LM 最差，且 γ-PGA（Na^+ form）優於 γ-PGA（Ca_2^+ form）。（林氏，2008）

Fe γ-PGA 與天然棉絮進行聚合物的交聯，在不同之條件下處理鐵離子。實驗中發現，吸附鐵離子的效果比較符合 Langmuir 單分子層吸附理論，以化學吸附方式結合，鍵結強不易脫附。當樣品水溶液 pH = 6 時經過抽濾，去除水中鐵離子效果最佳。（陳氏，2011）

植物生長激素之介紹

植物激素廣泛用於協助植物生長並增進植物植體之生物質量（Tassi et al., 2008），因此若整合生物激素與螯合劑應用於強化植生復育受重金屬污染土壤，應具有良好成效。一般而言，植物生物激素可分為生長素（例如 Indole-3-acetic acid, IAA、Indole-3-butyricacid, IBA 等）、吉貝素（文獻指出約有 70 幾種，其中最常見者為 Gibberellic acid, GA_3）、細胞分裂素（cytokinins, CK）等。

吉貝素是一種已知的植物激素，它在植物的萌芽、細胞的生長、莖和根的發育、植物的開花結果中扮演一非常重要的角色（Hooley, 1994）。一些研究結果證明，植物生長激素是具潛力的，且可透過內生菌來分泌激素（Ban et al., 2012）。植物內激素分泌的過程是未知的，但它們的數量是非常的少，它們的操作模式是緩慢的，通常取決於宿主、內生菌和交互作用的型式（Khan et al., 2015）。

Hadi et al.（2010）研究指出，藉由噴灑 GA_3 與 IAA 於 Zea mays L. 葉部可有效提升植體累積重金屬 Pb 之能力。此外，結合 GA_3 或 IAA

與 EDTA 可以有效提升植體累積重金屬之能力。且 GA_3 對於提升植體重金屬 Pb 之傳輸作用較 IAA 為佳。

植栽介紹

在（古，2008）目前最常用來生產生質柴油的油脂來源有大豆、花生、棉子、蓖麻子、紅花子、葵花子、油菜籽、椰子與油棕等。除了棉子與蓖麻子之外，其餘都是重要的食用作物，大都產量低生產成本高，作為生質柴油原料勢將影響到糧食之供應。大豆生育期短（90 ～ 120 天），含油量 20%。向日葵生育期也不長（120 天），但含油量可達 35%。椰子與油棕在東南亞的最適宜生長條件下，每公頃產油量可分別達到 2,500 與 5,000 公升，在熱帶地區極有潛力。但椰子與油棕屬木本科植物，生長期長無法使用植生復育中的植生萃取技術，植生萃取利用植物在生長期從幼苗至開花過程中能大量吸取土壤中重金屬，並於生長期結束後移除再重新種植新作物，以增加植生復育的效率，故只考慮草本科的植物。

而生質柴油的來源主要從天然植物油、動物脂肪與食用或工業所產生之廢油提煉得來。生質柴油有許多優點，首先因其燃燒特性與化石柴油相似，可與化石柴油以任意比例混合使用，甚至完全取代化石柴油作為柴油汽車之燃料，柴油汽車引擎不須進行任何改造，也可與汽油搭配使用。接著是生質柴油，其閃火點（118°C）較傳統石化柴油（52°C）來的高，所以在運輸過程與儲存上安全性也較高。最後，生質柴油成分中含氧量高，濃度差不多為 11% 左右，故有助於使其作用過程中達到完全燃燒，當代使用生質柴油再排放廢氣時，其所含燃燒不完全物質（如一氧化碳）較低，與化石柴油比較，生質柴油可減少一氧化碳排放

量 50%、懸浮微粒 70%、碳氫化合物 40%，且生質柴油的硫含量趨近於零，廢氣中不含硫。因此生質柴油之使用可以減少從化石燃料所釋放的有毒物質，更進一步減少由一氧化氮及碳氫化合物所造成的溫室效應。因此生質柴油是一種符合環保、永續、容易生產、可生物分解的低污染再生能源。

由於傳統植生復育過程中，當植物種植於土壤進行復育一個時段後，會將植物地上部分（莖及葉部）收割並利用焚化將植體燃燒，避免植體之重金屬再次轉移至環境中，對於環境造成二次危害。而為了使植體在去除後還能有後續再利用的用途，於是選擇了能源作物（向日葵）來進行植生復育，不僅能達到整治重金屬的效果，且能再利用，生產出再生能源生質柴油。

孔雀草（Tagetes patula L.）為台灣常見的觀賞花卉植物，且為新發現的鎘超累積植物，具有環境適應力強、生質量大和鎘累積量高的特性。劉等（2010），進行鎘吸收試驗發現，孔雀草的鎘累積量相當高，在外加鎘的土壤盆栽試驗中結果亦顯示，生長於添加 20 mg/kg 鎘的土壤中 35 天後，地上部鎘累積可高達 66.3 mg/kg。孔雀草（Tagetes patula）屬於菊科（Compositae），萬壽菊屬（Tagetes）的一年生雙子葉植物，植株高度介於 30～50 公分間，生長溫度範圍為 15～30°C，種子經種植後約 45～70 天後開花，依品種及氣候而有所不同。孔雀草原生於墨西哥和尼加拉瓜，適合生長於有充足陽光及排水良好之土壤中，與萬壽菊（Tagetes erecta）是近親，親緣關係相近。孔雀草具有對環境適應性強，生質量大的特性，相較於一般鎘超累積植物，每株孔雀草地上部乾重比其他已知鎘超累積植物高了 2～5 倍之多，同時由於其根部會分泌毒殺線蟲的物質──三聯噻吩（alpha-terthienyl），對根腐線蟲及根瘤線蟲的防治具有相當好的效果，可作為天然的殺蟲劑，因此，在歐美常

作為作物栽培之間作或敷蓋作物,而鎘之毒性又較其他重金屬大,故本研究欲以景觀性花卉孔雀草針對重金屬銅、鋅進行植生復育之研究。

植生復育實驗成果

❖ 探討植物去除重金屬能力暨添加螯合劑提升植物萃取之效益

潘(2009)探討向日葵、油菜、香蒲及蘆葦於受重金屬污染土壤環境下,植體對於銅鋅之吸收狀況,並添加螯合劑 DTPA、EDTA、EDDS 及檸檬酸改變土壤與重金屬鍵結情形,以提升植物吸收重金屬之效益。

首先為探討不同螯合劑及不同濃度添加於土壤中之萃取效果,以高有機質且添加重金屬之土壤進行萃取實驗,其重金屬萃取效果,控制組(去離子水)銅鋅之萃取量並不明顯,重金屬銅鋅萃取率僅有 3.37 ± 0.29% 及 5.07 ± 0.54%。而濃度為 5 mmol/L 之螯合劑 DTPA 對於重金屬銅鋅有最佳之萃取效果,但隨螯合劑濃度之增加(大於 5 mmol/L),重金屬之萃取量增加程度則趨於緩和,對於重金屬之銅鋅萃取效果無明顯增加。螯合劑 EDTA 之濃度為 5 mmol/L 時,添加於受重金屬污染土壤中,重金屬萃取液之濃度有明顯之增加,隨著 EDTA 之濃度增加而對於重金屬萃取量亦隨之增加,但當 EDTA 添加濃度為 15 mmol/L 時,重金屬萃取量之趨勢方隨之趨緩。此外,添加易生物分解之螯合劑 EDDS 及檸檬酸,當濃度為 5 mmol/L 螯合劑對於重金屬萃取量較添加控制組效果佳,且螯合劑濃度提升至 10 mmol/L 時,對於重金屬萃取量也隨之增加。但當螯合劑濃度為 15 mmol/L 時,易生物分解之螯合劑對於土壤重金屬萃取量方趨緩。

為了解盆栽實驗土壤重金屬鍵結型態,進行土壤重金屬分段萃取實驗,為高低有機質盆栽分別添加螯合劑 DTPA、EDTA、EDDS 及檸檬

酸分段萃取銅之圖形。添加螯合劑可提升重金屬與土壤之弱鍵結型態，其主要係將強鍵結中有機鍵結及碳酸鹽鍵結萃取為弱鍵結型態，而對於穩定鍵結之硫化物鍵結則無明顯之改變。添加螯合劑能有效將土壤與重金屬強鍵結型態轉變為弱鍵結型態，重金屬銅弱鍵結型態增加比率由高至低分別為 DTPA > EDTA > EDDS >檸檬酸，趨勢與土壤萃取結果類似。

添加螯合劑對於弱鍵結提升之比例由高至低分別為 DTPA > EDTA > EDDS >檸檬酸。

其中控制組向日葵銅鋅 BCF 值分別為 0.17 ± 0.03 及 0.21 ± 0.03，而 TF 值分別為 0.43 ± 0.04 及 0.28 ± 0.05，由 BCF 值比較發現，添加螯合劑對於根部重金屬銅鋅累積有明顯之優勢，而從 TF 值可看出檸檬酸效果較差，其他螯合劑 DTPA、EDTA 及 EDDS 對於重金屬鋅之傳輸能力則有顯著提升。

為盆栽試驗低有機質土壤各組 TF 及 BCF 值（向日葵），發現添加螯合劑對於低有機質盆栽重金屬銅鋅 BCF 值有明顯之提升，而添加螯合劑 EDDS、EDTA 及 DTPA 對於植體內部重金屬傳輸亦有明顯提升，唯獨檸檬酸植體傳輸係數沒有明顯之變化，而其中 EDDS 對於植體重金屬銅鋅傳輸具有顯著增加。

添加螯合劑對於植體重金屬傳輸有顯著效果，其中以添加 EDDS 對於重金屬銅鋅地上部位傳輸效果最好，其次為 DTPA 及 EDTA，而添加檸檬酸則僅有些許之增加，觀看 BCF 值可發現添加螯合劑亦可提升根部重金屬吸收，唯獨添加檸檬酸效果不佳，油菜根部重金屬吸收主要以添加 DTPA 效果最佳，其次為 EDTA，EDDS 則較差。

添加檸檬酸之盆栽油菜 TF 值有些許提升，而添加 DTPA、EDTA 及 EDDS 對於油菜重金屬銅鋅傳輸則有顯著提升，其中以 EDDS 效果最佳，添加螯合劑對於植體根部重金屬累積具有提升，唯獨添加檸檬酸組 BCF 提升不顯著，而其他螯合劑對於 BCF 值則有顯著提升，其中以 DTPA 效果最為顯著，其次為 EDTA 及 EDDS。

添加螯合劑對於植體重金屬傳輸有增進之功能，以螯合劑 EDDS 對於重金屬銅鋅地上部位傳輸效果最好，其次為 DTPA 及 EDTA，而添加檸檬酸則僅有些許之增加，添加 DTPA、EDTA 及 EDDS 可增加香蒲根部對於重金屬吸收，唯獨添加檸檬酸效果不顯著，香蒲根部重金屬吸收主要以添加 DTPA 效果最佳，其次為 EDTA，EDDS 則較差。

添加螯合劑對於植體重金屬傳輸有提升，但以螯合劑 EDDS 對於重金屬銅鋅地上部位傳輸效果最好，其次為 DTPA 及 EDTA，而添加檸檬酸僅有些許之增加，添加 DTPA、EDTA 及 EDDS 可增加蘆葦根部對於重金屬吸收，唯獨添加檸檬酸對於蘆葦根部吸收重金屬鋅效果不顯著，蘆葦根部重金屬吸收主要以添加 DTPA 效果最佳，其次為 EDTA，EDDS 則較差。

為盆栽試驗低有機質土壤各組 TF 及 BCF 值（蘆葦），添加螯合劑對於植體重金屬傳輸有增進之功效，但以螯合劑 EDDS 對於重金屬銅鋅地上部位傳輸效果最好，而添加檸檬酸僅有些許之增加，添加 DTPA、EDTA 及 EDDS 可增加蘆葦根部對於重金屬吸收，唯獨添加檸檬酸對於重金屬鋅累積效果不顯著，蘆葦根部重金屬吸收主要以添加 DTPA 效果最佳，其次為 EDTA，EDDS 則較差。

整合型植生復育提升能源作物整治重金屬成效之研究

吳（2014）探討植物生物激素（IAA 與 GA_3）、螯合劑（EDTA 與 EDDS）與過氧化鈣對能源作物向日葵整體生長之差異、植生復育其向日葵對重金屬吸收效率與重金屬於植體內累積傳輸機制。

分別在重金屬銅、鉛、鋅下進行盆栽實驗，總共分為十組，分別為 Control（無任何添加物的土壤）組、單純添加重金屬組、添加 CaO_2 組、添加 EDTA 組、添加 EDDS 組、添加 IAA+EDDS+CaO_2 組、添加 IAA+EDTA+CaO_2 組、添加 GA_3+EDDS+CaO_2 組、添加 GA_3+EDTA+CaO_2 組。

分別為銅、鉛、鋅根部在添加不同種類螯合劑與植物生長激素下，重金屬累積濃度差異，從結果上說明了，根部重金屬累積濃度以添加植物生長激素＋螯合劑的組別＞添加螯合劑組別＞添加過氧化鈣組別＝無添加螯合劑與植物生長激素的組別。

在重金屬銅、鋅土壤下，觀察到添加過氧化鈣組植體重金屬累積量為 23.2±2.1 mg/kg、137.2 ± 15.1 mg/kg 與單純重金屬組 22.7 ± 2.5 mg/kg、124.8 ± 14.2 mg/kg 無明顯之差距，代過氧化鈣的添加雖會緩慢釋放氧氣於土壤中，促進向日葵植體根系的生長，但並不會影響重金屬在土壤中的流動性，所以向日葵對於重金屬的吸收量上並不會有有太大的改變。

添加螯合劑 EDDS 與 EDTA，添加 EDDS 的組別根部重金屬銅、鋅累積量分別為 31.8 ± 3.4 mg/kg、203.7 ± 29.3 mg/kg 優於添加 EDTA 組 24.5 ± 1.8 mg/kg、187.3 ± 23.4 mg/kg，符合文獻上所說的，添加螯合

劑（EDDS）較適合用於重金屬銅、鋅污染環境下。但是在重金屬鉛的土壤下，添加 EDDS 組其重金屬累積量為 11.2 ± 0.9 mg/kg，其對於鉛的吸收量與單純重金屬組 13.4 ± 1.3 mg/kg，兩者相比下，幾乎無任何差距，但對於添加 EDTA 組，重金屬鉛累積量為 48.2 ± 3.7 mg/kg，說明螯合劑（EDTA）的添加能使向日葵有效吸收重金屬鉛，證實文獻上指出，由於螯合劑（EDDS）是可生物降解的，故用於重金屬鉛土壤下，會快速降解完成，以至於植物沒能有效吸收就使反應結束。

從文獻上指出，植物生長激素的使用，主要是提升植物的生物量，增加植物根部對於土壤養分的吸收，並經由木質部傳送至植體地上部累積，刺激植體地上部的生長。所以結果顯示，各組重金屬累積量由高至低分別為添加植物生長激素＋螯合劑的組別＞添加螯合劑組別＞過氧化鈣組＝無添加螯合劑與植物生長激素的組別。

先從添加過氧化鈣組來看，不管重金屬銅、鋅、鉛下，重金屬累積量與單純重金屬組並無任何差異，說明過氧化鈣雖能有效增加向日葵植體生長高度與植生量，但無法有效提升向日葵對於土壤中重金屬由根部吸收後向上傳輸的能力。

且從葉部與花部重金屬累積量上就能比較出各組的明顯差異，可以觀察到向日葵葉部與花部在重金屬銅、鋅累積量上，$GA_3+CaO_2^++EDDS$ 組是 EDDS 組的 2 倍，而相對的向日葵葉部與花部在重金屬鉛累積量上，$GA_3+CaO_2^++EDTA$ 組也是 EDTA 組的 2 倍。

其結果顯示在重金屬銅下，單純添加重金屬組 BCF 值為 0.118 低於添加螯合劑 (EDTA) 組 0.128 與添加螯合劑（EDDS）組 0.165。在重金屬鋅下，單純添加重金屬組 BCF 值為 0.260 低於添加螯合劑（EDTA）組 0.391 與添加螯合劑（EDDS）組 0.425。在重金屬鉛下，單純添加重

金屬組 BCF 值為 0.028 低於添加螯合劑（EDTA）組 0.101，但與添加螯合劑（EDDS）組 0.023 沒有明顯的差異。說明了添加螯合劑（EDTA 與 EDDS）增加土壤重金屬流動性，進而提升植物對重金屬的吸收量與根部重金屬累積量，但在重金屬鉛下，如同前面根部重金屬累積量探討一樣，螯合劑（EDDS）不適合用於重金屬鉛污染下。

接著 TF 值，分別為添加螯合劑（EDTA 與 EDDS）組與添加螯合劑（EDTA 與 EDDS）組別與添加植物生長激素（IAA 與 GA_3）+ 螯合劑（EDTA 與 EDDS）組進行比較。在重金屬銅下，其添加螯合劑（EDDS）組 TF 值為 2.26 低於添加植物生長激素（IAA）+ 螯合劑（EDDS）組之 3.75 與添加植物生長激素（GA_3）+ 螯合劑（EDDS）組之 3.83。在重金屬鋅下，其添加螯合劑（EDDS）組 TF 值為 3.00 低於添加植物生長激素（IAA）+ 螯合劑（EDDS）組之 2.87 與添加植物生長激素（GA_3）+ 螯合劑（EDDS）組之 2.93。在重金屬鉛下，其添加螯合劑（EDTA）組 TF 值為 1.5 低於添加植物生長激素（IAA）+ 螯合劑（EDTA）組之 1.83 與添加植物生長激素（GA_3）+ 螯合劑（EDTA）組之 2.09。其中在重金屬鉛中添加 EDDS 效果雖然沒比 EDTA 來的好，但之後添加植物生長激素（IAA 與 GA_3）後，其 TF 值是有高於植物生長激素（IAA 與 GA_3）+ 螯合劑（EDTA）組，證明了植物生長激素能有效提升重金屬於植體內部的傳輸量，又以添加植物生長激素（GA_3）效果為最佳。

最後則是 PEF 值下 19.，先是螯合劑的選擇上，在重金屬銅、鋅下，添加螯合劑（EDDS）的組別其向日葵在對於重金屬銅、鋅的吸收量上是高於添加螯合劑（EDTA）組別的，故使用螯合劑（EDDS）對於重金屬銅、鋅污染下整體植生復育效果是較好的，但對重金屬鉛，使用螯合劑（EDDS）組別的 PEF 值與單純添加重金屬鉛組別的 PEF 值並無顯著的

差距，故使用螯合劑（EDTA）對於重金屬鉛污染下植生復育效果是較好的。所以最後整合型植生復育最佳操作參數選擇，在重金屬銅、鋅污染下，添加植物生長激素（GA_3）+ 螯合劑（EDDS）之組別 PEF 值分別為 0.958、1.769 是高於其他組別的，故選擇植物生長激素（GA_3）+ 螯合劑（EDDS）使用於重金屬銅、鋅污染下進行植生復育較為合適。而在重金屬鉛污染下，添加植物生長激素（GA_3）+ 螯合劑（EDTA）組別之 PEF 值為 0.445 是高於其他組別的，故選擇植物生長激素（GA_3）+ 螯合劑（EDTA）使用於重金屬鉛污染下進行植生復育較為合適。

第十章

穩賺不賠的政策

筆者進行的計畫內容如下：

1. **畜牧糞尿沼液沼渣回收作為農地肥分之效益探討**：本計畫蒐集之豬廁所相關資料，並配合一段式厭氧發酵處理單元模組處理畜牧廢水，估算所能減少之畜牧廢水量，進而推估對河川水質改善之成效。蒐集養豬廢水中所含三要素含量以及沼液沼渣肥分成分分析之相關資料，將其與化學肥料進行比較，估算其替代化學肥料減量效果。本計畫更蒐集國外一段式厭氧發酵處理方式之資料，估算此方式於台灣本地運行時所需成本，包含：(1) 糞尿前處理；(2) 厭氧消化參數；(3) 沼渣沼液回收及；(4) 沼氣發電等項，並與台灣行之已久的三段式畜牧廢水處理進行比較，以提供畜牧業者未來處理畜牧廢水之參考。

2. **沼氣發電之碳權認證與綠電認購**：本計畫針對一段式厭氧發酵後之沼氣發電效益進行評估，目標係建立沼氣發電最佳化操作條件，分析項目包含：(1) 發酵時的環境；(2) 消化溫度；(3) 水分；(4) 酸鹼值；(5) 植種；(6) 甲烷生成菌；(7) 濕和乾設計；(8) 固體停留時間等。評

估沼氣回收利用同時所產生之溫室氣體減排效益,以推動沼氣回收之碳權認證及交易相關辦法。

3. **一段式厭氧發酵處理單元模組化可行性評估**:本計畫已蒐集各國一段式厭氧發酵單元之相關資料,包括前處理系統、厭氧消化系統及儲渣系統,並依據台灣目前畜牧廢棄物的現況,邀請美商傑明公司協助進行一段式厭氧發酵單元模組化設計,以利後續推動一段式厭氧發酵處理單元相關策略措施,為其成效及相關配套措施提供建議。

4. **河段或排水流域內區域性沼氣中心設置可行性評估**:針對目標河川東港溪搜集河川水質資料,調查養豬戶背景資料,及成本和沼氣發電之投資效益等,以評估設置區域性沼氣中心之可行性。利用一段式厭氧發酵單元模組處理畜牧廢水前後之河川水質,給予該河段畜牧污染削減策略建議。

第十一章

實際案例

案例一：高雄市沼液沼渣執行成果

　　本計畫依契約工作內容要求展開「畜牧業背景資料深度調查」、「沼液沼渣再利用對水質改善及農地農作效益」、「媒合畜牧業及農地主並撰寫沼液沼渣作為農地肥分使用計畫書」、「配合沼渣沼液農地肥分使用法規修正辦理宣導說明會」、「協助『高雄市畜牧糞尿沼液沼渣媒合平台』維護及更新」、「協助欲申請沼氣發電場相關審查及查驗」及「其他配合事項」……等工作，將目前完成之工作成果分述於本文各章節供　貴局參考，均符合預定進度，相關成果說明如後。

✵ 結論

一、畜牧業背景資料深度調查

　　目前掌握位於高雄市二仁溪流域內列管畜牧業共 160 家，未列管 106 家，其中列管畜牧業中占最多數的行政區為內門區 73 家，其次為田寮區

36 家；阿公店溪流域內列管畜牧業共 94 家，未列管 52 家，其中列管畜牧業中占最多數的行政區為路竹區 33 家，其次為阿蓮區 28 家。

考量水質改善成效，本計畫依媒合成功率較大、污染削減效益較高，或為機關要求者作為優先輔導對象，彙整優先辦理名單，其中建議優先推動者計 24 家，並依名單持續推動沼液沼渣作為農地肥分再利用。

二、沼液沼渣再利用對水質改善及農地農作效益

依 107 年底止已通過 36 場進行水質改善成效及每年可提供農地農作物氮量計算，已核定 36 家之畜牧場沼液沼渣作為農田肥分使用已核之污染削減量為 BOD＝966.1 kg/day、SS ＝ 1,375.2 kg/ day、NH_3-N ＝ 469.9 kg/d，農地效益部分，總計每年可施灌 56,855 噸畜牧廢水，提供作物每年 16,437.2 公斤之氮量。

三、已通過場家追蹤

依契約規定內容針對 105 年及 106 年 15 家已通過場家進行沼液一次、土壤一次與地下水二次環境檢測，截至 107 年 10 月止已全數完成沼液、土壤與地下水之環境檢測，並於每月現勘過程中，定期追蹤施灌狀況與輔導填寫施灌紀錄。另追蹤通過場家施灌量發現，通過場家核准施灌量為 26,719 公噸，截至 107 年 12 月 31 日止實際澆灌量為 7,691.97 公噸，約核准施灌量之 28%，原因為雨季、配合產銷班種植、休耕與作物生長區間無法施灌所致。

四、媒合畜牧業及農地主並撰寫沼液沼渣做為農地肥分使用計畫書

本計畫針對 106 年度提出申請之 11 家畜牧場計畫書，已於 107 年 5 月 11 日前全數審核通過，另於 107 年度已完成媒合 8 家畜牧場，已於 107 年 11 月 7 日前全數審核通過，依契約規定，本計畫需協助完成至少 19 件計畫書撰寫並送機關同意，扣除前述 8 件已預計申請送件，尚有 11 家畜牧場需新增申請，已於 107 年 10 月全數完成計畫書提送。

五、協助畜牧戶沼氣袋補助

本計畫依契約規定內容已完成 8 場家有意願之沼氣袋補助修復工作，分別為榮財畜牧場、再仁牧場、金標牧場、盈登畜牧場、豐源養豬場、文田畜牧場、高再興畜牧場與欣順興畜牧場，並協助訂定「畜牧沼液沼渣作為農地肥分利用推動畜牧場沼氣設備補助要點」，並已完成 8 場家畜牧場後續申請程序。

六、配合沼渣沼液農地肥分使用法規修正辦理宣導說明會

依契約工作內容執行期間需辦理 4 場宣導說明會議及 1 場技術轉移會議，宣導會議參與人數須達至少 150 人次，目前已全數完成 4 場宣導說明會議及 1 場技術轉移會議，並截至 107 年 10 月止計辦理畜牧戶 4 場次及農戶 4 場次，8 場次總計參與人數 462 人。

七、協助「高雄市畜牧糞尿沼液沼渣媒合平台」維護及更新

執行期間持續進行媒合平台維護及資料更新，更新內容含畜牧戶與農戶資訊、沼液沼渣推動法規、沼液沼渣推動資料及會議辦理情形等，並定期進行網站資料本機備份與網路磁碟備份。並於媒合平台網站中增加已媒合畜牧戶與農戶圖卡資訊，可於地圖上展示已媒合案件數量，已媒合案件分布位址，包括核准澆灌量、提供氮量、施灌面積，供使用者了解高雄市沼液沼渣推動情形。另於平台後端除定期維護畜牧戶與農戶資訊外，並新增已媒合畜牧戶與農戶編修功能，可供新申請場家進行資料建檔。

八、協助欲申請沼氣發電場推動及相關審查、查驗

目前轄內有意願申請沼氣發電中心或欲辦理推動者計 2 場家，港後地區為盛佳環能科技有限公司進行設置畜牧業沼氣中心規劃，內門地區為朋億股份有限公司針對發電設備與處理中心用地進行規劃。其中，

內門地區朋億股份有限公司已於 107 年 8 月 31 日提送申請計畫書 (初稿)，並於 107 年 11 月 22 日提送修正稿，待行政院環保署進行核定通過後，進行沼氣中心後續簽約與建置事宜；另於港後地區因用地協商未果，相關問題尚待克服。

九、其他配合事項

計畫執行期間協助擬定畜牧沼液沼渣作為農地肥分利用推動畜牧場沼氣設備補助要點與擬定試澆灌計畫書，並協助貴局撰寫政府服務獎參獎申請書與 107 年 2 月 12 日「高雄市重點河川水質改善暨整治作為」討論會議之沼液沼渣再利用辦理情形簡報。

建議

針對本計畫執行成果，提出建議說明如後。

一、精簡會議辦理場次

經與畜牧戶電訪與至現場訪談後，畜牧戶普遍反應宣導會議舉辦過於頻繁，造成畜牧戶須花費許多時間與會，考量輔導對象主要為畜牧戶為主，若畜牧戶反感恐造成推廣成效不佳，建議宣導會議可合併其他宣導主題，如水污染防治法規宣導會議併同辦理，降低業者出席往返頻率，並可在會中提供聯繫諮詢窗口，供業者於會後有問題需反應時可找到聯繫對象。

二、邀集專家成立顧問輔導團

本計畫於輔導推動過程中因代環保局前往現地進行訪查與檢測作業，常使畜牧戶、農戶提升警覺心，建議可邀集專家、學者成立顧問輔導團，藉由顧問團提供專業知識與諮詢服務，如有沼液沼渣需求之農戶者，輔導顧問團先行前往輔導與現地探訪，另於沼液施灌後相關問題，

也將前往進行勘查與輔導，使有意願辦理沼液沼渣肥分再利用計畫之畜牧戶與農戶增加意願。

三、頒發沼液沼渣優良獎章

建議可發行優良獎章、獎狀或獎牌等予參與沼液沼渣作為農地肥分使用之畜牧戶及農戶，針對農戶種植之作物也可發行使用沼液沼渣之友善農產品認證標章，使消費者可選購更對環境友善之肉品與農產品，對於農戶與畜牧戶而言，更能肯定與讚揚對於環境盡一份心力之作為，而達到環保目的。

四、協助畜牧業者申辦廢污水管理計畫

依環保署現行規定，飼養豬隻20頭以上未滿200頭之畜牧業，畜牧廢水採行廢污水處理，必須申請廢污水管理計畫，並由環保主管機關審查。考量大多畜牧戶對於相關流程皆未深入了解，恐造成畜牧戶生活上之困擾，建議由主辦機關協助申請，更能增加畜牧戶之申請意願度。

五、補助設置、修復儲存桶

畜牧業者為蒐集沼氣需於厭氧槽裝設紅泥膠布沼氣袋，高雄市畜牧業型態多為中小型畜牧場（< 1,000頭），單一場家能蒐集到足以發電或作為燃料之之沼氣實質經濟效益不高，但因應申請法規要求，本計畫於輔導過程中仍請業者進行裝設或修復，惟此一成本支出及未來操作維護多讓畜牧業者生怯。為提高畜牧業者申請意願，建議除沼氣袋之外，亦可補助修復或設置儲存桶，讓中小型場家可在較低成本支出及維護條件下，同樣可以申請沼液沼渣作為農地肥分使用。

六、減少訪視畜牧戶次數

目前通過沼液沼渣業者須定期檢驗地下水、土壤及沼液，加上需每月定期追蹤施灌紀錄，畜牧戶必須不斷接受進場訪查、採樣、拍照、詢

問施灌狀況等問題,除工作上易受到打擾,並有豬瘟等防疫問題使畜牧戶較無意願外人參訪。建議除了減少現場巡查訪問次數,並配合畜牧戶作息時間,設立晚間專線電話提供專線諮詢,並先行使用電訪方式進行訪談與媒合,後續召集有意願畜主一同參加顧問團說明宣導會,減少前往畜牧場次數。

輔導畜牧糞尿沼液沼渣作為農地肥分使用為長期推動作為,方能收其成效,並需由建立短、中、長期推動策略,持續性建立出畜牧戶與農戶間之溝通橋樑,本計畫彙整前述輔導過程經驗與建議,並針對目前執行成果,提出各階段推動執行策略,並建議持續追蹤關鍵測站水質污染情形,協助畜牧戶與農戶辦理沼液沼渣相關作業,達到增加辦理意願,目標詳如表 10.1 所示。

↻表 10.1　畜牧糞尿沼液沼渣作為農地肥分使用短、中、長期推動策略

短期策略	中期策略	長期策略
• 協助申請沼液沼渣計畫書 • 協助計畫書申請土壤、沼液、地下水檢測作業 • 補助設置與修復沼氣收集裝置 • 辦理宣導會進行宣導 • 補助設置、修復儲存桶 • 設置時段專線協助計畫書申請事宜 • 邀集專家成立顧問輔導團,輔導與提供專業認知	• 協助進行申請廢污水管理計畫 • 精簡會議辦理場次 • 頒發沼液沼渣優良獎章、獎狀或獎牌等 • 槽車載運服務持續執行 • 協助已通過場土壤、沼液、地下水檢測作業	• 協助沼氣中心商議事宜,並建立廢水回收體系 • 探討與研究沼渣再利用可行性,並造粒進行肥料使用 • 研究飼養豬隻飼料,增加肥分效力,並減少重金屬銅鋅殘留 • 建立生質能源應用體系,並將沼氣發電使用於車輛動能,家庭生活電力,並減少二氧化碳排放

案例二：台南市沼液、沼渣

結論

一、彙整畜牧業背景現況調查

畜牧場沼液沼渣農地肥分使用意願及實地調查　由計畫執行日起統計至 11 月 16 日畜牧場現勘家數目前為 126 家，扣除養豬 2,000 頭以上及關鍵測站上游之畜牧場無飼養 14 家，目前累計現勘畜牧場共計 112 家次。於現勘時，除了確認業者是否有厭氧設施，以及廢水處理設施條件是否符合申請要件。若不穩合，是否願意修補或新增紅泥沼氣袋，同時確認業者自身是否有農地可提供沼液沼渣施灌或有先行找尋鄰近合作對象等，如符合上述要件，則會優先列入今年可輔導申請沼液沼渣推動名單中，再進行七大條件評分篩選，確認是否為今年度優先申請沼液沼渣作為農地肥分使用之畜牧場，另於現場一併調查畜牧業畜舍清洗方式、清洗時段及頻率，並確認污泥是否有定時清運。

農戶沼液沼渣使用意願調查　今年度實地訪查 109 位農民，有意願申請澆灌農民共 32 位，已成功媒合 3 位承租農地面積較大農民與 7 家畜牧場共同合作申請沼液沼渣作為農地肥分澆灌，另有意願申請合作農民因耕作面積較小且地點分散，載運畜牧廢水問題尚需進一步與畜牧場端來進行媒合，今年度有意願對象會優先於明年度與有意願申請沼液沼渣畜牧業者媒合。

媒合畜牧場與農戶進行沼液沼渣農地肥分使用及彙整調查資料與提出建議優先推動之建議名單　今年度已媒合 30 家優先推動沼渣沼液作為農地肥分使用計畫之建議名單，其中養豬 2,000 頭以上計 6 家、養豬 2,000

頭以下計 5 家、養牛場計 21 家。且有 15 家位處本轄流域關鍵測站上游（占整體 50%），其中包含 9 家養牛場位處八翁酪農區。

二、辦理沼液沼渣農地肥分使用法規宣導說明會、地方宣導活動、研習及觀摩會

辦理法規宣導說明會 4 場宣導說明會合計 235 人次出席，場家出席率為 38.71%，總計回收 112 份意願調查單（問卷回收率 47.66%），「初步有意願」62 份（其中 5 份為 106 年申請核准通過）、「考慮中」35 份、「無意願」15 份，針對「初步有意願」之畜牧場共計 62 家已全數完成現勘輔導，後續依據現勘情形進行篩選優先推動名單，而同時針對「無意願」申請之畜牧業及農民，亦會透過電話訪談方式詢問無意願申請之原因，以作為後續推廣改善之方向。

辦理地方宣導活動 107 年度推動本項計畫除了持續現勘調查畜牧業申請沼液沼渣肥分使用意願之外，亦特別加強對於農民端宣導，為提升農民參與意願，宣導本計畫政策，今年度與地方農會單位合作辦理宣導活動，因農會體系掌握農戶資訊，藉由農會體系之協助，可了解區域農作物分布、農戶基本資訊，至地方農會辦理宣導事宜或座談，有助於地方農民了解政策內容，進一步提高其參與意願，今年度已與學甲農會、六甲農會、鹽水農會、下營農會、官田農會及台糖公司共同合作辦理 6 場地方宣導活動，合計出席人數為 225 人，每次活動同時發放意願調查，針對有意願之農戶予以記錄並追蹤聯繫，安排時間進行後續訪談並作成記錄，已便於後續進一步與畜牧場進行媒合作業。

編製宣導品包含摺頁 本計畫團隊已編制 1,000 份相關宣導品（含宣導摺頁），宣導摺頁及宣導品於編制前及購買前先提送至機關審核，經核准後，並依貴局指定之期程提交，宣導摺頁以採對折方式製作。2 月底

完成宣導品購置、摺頁和海報印刷,並於3月份辦理宣導活動時,將宣導品、摺頁提供予現場參與人員,而海報已於3月份開始陸續陸續親跑各區農會及區公所發送宣導海報,並於拜訪小地主大佃農、當地里長時一併發送摺頁及海報,已提升宣導成效。

三、協助輔導畜牧場提出沼液沼渣農地肥分使用計畫申請審查

截至11月30日已提送27場沼液沼渣作為農地肥分申請書至農業局進行審查,目前累計施灌面積為40.0653公頃,施灌量為82456.02公噸,並已協助農業主管機關辦理完成27場沼液沼渣作為農地肥分使用申請書現場審查,農業局並函文核准通過27場沼液沼渣作為農地肥分使用。

105年至107年底已核准通過63場沼液沼渣農地肥分使用示範戶,沼液沼渣農地肥分使用核准施灌面積共有111.20公頃,施灌量為147,997.78公噸/年,施灌頭數約3,962頭豬、2,960頭牛,推估可削減生物需氧量(BOD)、懸浮固體物(SS)等污染物、氨氮(NH_3-N)等污染物,BOD約削減763.35公噸/年、SS約削減1,639.20公噸/年、NH3-N約削減91.96公噸/年,有助於改善河川污染程度;施灌農地之作物主要以狼尾草、青割玉米及飼料玉米為主。

四、輔導畜牧場申請放流水回收澆灌花木使用

今年度透過畜牧戶意願及現勘調查時,了解場家處理設備狀況,場家若無意願申請沼液沼渣農地肥分使用計畫,則於現場輔導業者是否有意願申請放流水回收澆灌花木使用,今年度於現勘輔導時針對飼養豬隻2,000頭以上畜牧場者,協助輔導4家畜牧場提出申請放流水回收澆灌,分別為水波種畜牧場、仲興畜牧場、台灣糖業股份有限公司畜殖事業部(南沙崙畜殖場)及天棋畜牧場等,其中水波種畜牧場已完成許可文件變更,核准領證,其餘3場家許可文件審查補正中。

五、歷年核准沼液沼渣農地肥分使用示範戶進行監測作業

針對轄內 105 年至 107 年已核准申請通過沼液沼渣農地肥分使用示範戶進行土壤及地下水採樣監測作業，依據核准使用計畫書內容進行監測，地下水進行監測豐、枯水期地下水水質檢測作業各 1 次及土壤品質檢測作業 1 次採樣，32 家畜牧場皆低於土壤污染監測標準（食用作物用地）之限值。

採樣檢測 105 年及 106 年核准通過沼液沼渣申請之施灌農地地下水豐枯水期上下游監測井水質，結果顯示，部分已核准施灌畜牧場地下水（井）氨氮檢測值超過施灌前檢測值之 1.1 倍或 1.5 倍，已達停灌基準，關於地下水氨氮問題，已於環保署 10 月 8 日召開第二次研商會議時反應相關問題，環保署將與行政院農業委員會協商討論有關沼液沼渣農地肥分使用者停灌、復灌 SOP 供地方政府參考為之。

六、其他工作及配合事項

內部教育訓練 於 3 月 17 日、11 月 15 日及 11 月 29 日各辦理 1 場次內部教育訓練，內容主要為法規修正內容說明、申請書撰寫說明、地下水採樣點位選擇及地下水流向判別、畜牧廢水三段式處理及申請書審查要點說明等主題，藉此提升計畫人員對於本計畫之專業性及素養，並致力提供完整的文書品質。

✵ 執行困難點與建議

1. 有關地下水監測停灌機制，已持續向環保署反應，環保署將與行政院農業委員會協商討論有關沼液沼渣農地肥分使用者停灌、復灌 SOP 供地方政府參考。

2. 今年度透過專人輔導已核准通過沼液沼渣施灌畜牧場及農民，由實地現勘訪談中發現，部分的畜牧場對於畜牧糞尿作為肥分使用經驗已經非常熟悉，例如位於麻豆地區的百豐傳畜牧場使用沼液沼渣施灌於自家柚子果園裡，施灌後果園增加土壤裡的微生物，活化土地，果樹長得更強壯，今年產量增加 3 成左右，因為使用沼液沼渣施灌後澆灌後的柚子酸甜夠味，供不應求，故於今年度添購施灌槽車，並且願意將自身使用經驗分享予畜牧場及農民，結合在地農作物推動方式，可邀集有興趣參與沼液沼渣施灌畜牧場及農民辦理在地觀摩活動，透過實地觀摩與互相經驗分享及交流，可藉此提升申請意願。

3. 農民對於養豬場或養牛場的沼渣沼液品質的不信任或不確定性，致參與意願較低，部分則持觀望態度，今年度主要透過辦理地方宣導活動或農會協助，藉機宣導推廣沼渣沼液做為農地肥分使用計畫，建議未來本計畫能再多加強與農業單位、學術單位或農會體系（推廣部）合作，不定期辦理地方性座談或地方性講習，並將示範場施灌情形作為宣導指標，藉由其施灌成效，促使農民提高意願參與推動。

4. 藉由今年度現勘輔導與農民及畜牧場面對面訪談，業者有時遇到問題希望能即時詢問，後續可成立一個 Line 群組，讓畜牧場及農民遭遇困難或有事情協助幫忙時，可透過訊息傳遞，做即時回應，並提升效率。

5. 透過現勘輔導及辦理法規說明會等調查畜牧戶申請沼液沼渣作為農地肥分使用，提出明年度可優先推動 13 家畜牧場，建議 108 年度可優先協助輔導申請相關事宜。

6. 經彙整國外文獻後，建議可參考美國推動作法，建立長期監測沼液沼渣施灌農地土壤肥力資料庫，提供給民眾或制定施灌計畫承辦人員查詢，可根據該地土壤肥力、作物需求量制定施灌計畫，做到資源再利

用營養鹽輸入輸出之平衡；以及大陸跨部會整合推動方式，主要以農業部門為主政機關，除輔導農戶確實辦理禽畜糞液收集處理作業，並與財政部門共同補助業者設置禽畜糞液回收再利用工程，透過政府機關之橫向與縱向聯繫及合作機制有效建立與整合，且完備畜牧廢水及其他農業廢棄物之再利用相關法令及配套措施，將可提升國內業者投入畜牧糞尿沼氣再利用設施相關領域之意願。

案列三：屏東縣

屏東縣為傳統農業大縣，縣內養豬場、養牛場、養雞場、養鴨場數量眾多，根據行政院農業委員會於 107 年 11 月所公布的養豬頭數調查報告統計資料，屏東縣養豬戶高達 1,710 戶，養豬頭數達 1,233,642 頭，數量僅次雲林縣，為全國第二大養豬重鎮。另，依據農委會 108 年第一季統計資料，屏東縣也有養牛場 201 戶，總養牛頭數為 27,454 頭，也是全國第二大養牛重鎮。

爰此，縣內主要河川（東港溪、高屏溪）之污染來源近 6 成以上來自畜牧污水，而畜牧污水具有高濃度有機物質、高懸浮固體量、高鹽度以及高污染負荷等特性，若無經過妥善的處理，對於自然環境及民生用水將造成嚴重威脅，因此，為加強進行水污染防治改善，透過下述策略並行，以期能逐步改善境內水質情形。

源頭減量：畜牧糞尿資源化推動

屏東縣政府於 105 年起配合中央政策，積極推廣縣內畜牧戶辦理畜牧糞尿資源化，不但可以為農民減少化肥使用，經計算，每年更可減少 60 萬噸以上的畜牧廢水進入河川，而今（108）年度也持續爭取環保署補助，預計補助 78 家畜牧場辦理沼液沼渣農地肥分利用計畫，今（108）年底即全屏東縣可望達 170 家以上參與肥分利用計畫。

而除了持續辦理宣導說明會、輔導畜戶及農戶外，本縣也為了提高媒合成效、突破執行困境，進行數項全台首創作為，詳述如後：

❖ 組建屏東縣畜牧輔導團

於 107 年發起由屏東縣政府農業處、環工顧問公司、地方巡守隊或村里長及環保局人員組建畜牧輔導團，進行「主動」輔導並定期進行追蹤，目前已陸續完成新埤沙崙河、萬丹田厝中排、潮州綠溪區域共計 44 家畜牧戶，其中已協助 17 家辦理沼液沼渣農地肥分利用計畫，成效良好，108 年度亦持續針對重點污染區域持續辦理輔導團主動輔導作業，以督促畜牧業者積極進行改善。

❖ 沼液沼渣槽車示範施灌

為擴大農民推廣，降低農民對沼液沼渣使用疑慮，屏東縣政府環保局於 106 年起啟用兩台沼液沼渣水肥車，民眾提前致電預約，環保局即會盡速安排沼液施灌槽車，免費載運沼液至農地提供農民使用，而由於農民熱烈響應，環保局於 107 年再添購 2 台槽車，加上原有 2 台，共有 4 台槽車上路運作，目前已媒合 40 位不同農戶，農地面積總計約 60 公頃，可有效增加沼液沼渣施灌能量，協助有意願使用沼液沼渣作為農地

肥分利用的農民進行施灌，108年度1～5月已協助提供里港、九如、鹽埔、長治、麟洛、萬丹、竹田及內埔等鄉鎮農民1,088公噸沼液，施灌作物含檸檬、棗子、南瓜、黃椰子、檳榔、皇帝豆、香蕉、芭樂、蓮霧、蔬菜類及景觀作物等約34種，藉由農民之間口耳相傳，提升農民使用意願、拓展可施灌面積，讓畜牧場可以容易找到合作的農民申請「沼渣沼液農地肥分使用計畫」。

❖ 與農業技術專家合作辦理田野試驗

由於沼液沼渣農地肥分利用政策於農民端推廣不易，多數農民望之卻步，為加強農民信心，屏東縣政府環保局至106年起邀請台中霧峰農試所陳琦玲博士、李艷琪副研究員、台南畜產試驗所經營組組長程梅萍及屏東科技大學林永鴻副教授（前高雄區農業改良場研究員）分別於萬丹、長治、九如、里港、內埔及竹田等地辦理7場農民宣導說明會議，參與人數達340人，108年度將持續邀請農業專家學者於轄內辦理至少4場以上之農民宣導會議，以增進沼液沼渣再利用之推廣。

此外，另亦請林永鴻副教授進行本縣各種常見作物（芒果、芭樂、蓮霧、棗子、檸檬、咖啡、紅龍果、檳榔、香蕉）之沼液施灌試驗，試驗成果顯示，沼液施灌過程並未有明顯異味，持續施灌的作物區植體及土壤中氮含量明顯上升，而林永鴻教授也提醒農民，沼液施灌對於植體及土壤皆有正面幫助，且無重金屬累積疑慮，但僅使用沼液施灌於作物開花、催果期間可能有磷、鉀肥不足的問題，仍應適時補充。

❖ 整合縣府資源，提高補助額度

屏東縣政府每年編列固定經費補助畜牧戶進行廢水設施改善，而自水污費徵收以來，縣府整合各項資源，包含環保署補助、農委會補助、

水污基金及空污基金等,更進一步提高補助額度及數量,協助畜牧戶進行改善及辦理沼液沼渣農地肥分利用計畫及沼氣發電。

❖ **串聯地方巡守隊,協助水環境巡守及資源化利用媒合輔導**

屏東縣水環境巡守隊已運作近15年,目前共有15支隊伍、200多名隊員分布於縣內各鄉鎮,屏東縣政府環保局定期進行巡守隊教育訓練、淨溪、淨川、淨環境活動,而自沼液沼渣農地肥分利用計畫推動以來,巡守隊員紛紛響應支持,如麟洛水環境巡守隊郭先生提供檳榔園、楓港水環境巡守隊黃先生提供洋蔥農地、竹田水環境巡守隊張先生提供果樹及檳榔農地、里港玉田水環境巡守隊藍先生提供檸檬農地等進行沼液澆灌,不但提供自家農地進行沼液示範施灌,更能進一步分享使用沼液施灌經驗,積極協助地方畜牧戶、農戶媒合沼液沼渣農地肥分利用計畫,已成為本縣水環境巡守不可或缺的伙伴之一。

❖ **集中型畜牧糞尿處理中心推動**

為推動畜牧糞尿集中處理,屏東縣政府環保局爭取環保署「推動設置厭氧發酵及沼氣發電設備處理小型畜牧場畜牧糞尿計畫(大場帶小場)」補助計畫,鼓勵、推動大型畜牧場設置畜牧糞尿資源化處理設施,並集運處理其他小型畜牧場畜牧糞尿,以改善境內流域之排水水質及創造綠電。目前縣府已輔導縣內畜牧業者提出申請案共2案,第1案為高屏溪流域的政治畜牧場,將收集處理4,780頭豬隻廢水,申請補助經費2,300萬元;第2案為東港溪流域的大豐/坤泰畜牧場,將收集處理4,396頭豬隻廢水,申請補助經費2,100萬元,且皆已獲得行政院環境保護署核定補助,預計108年底可以完工,完工後發電量每日約2,000度,本計畫不僅可協助部分小型畜牧場處理費水,也能藉由沼氣發電提

高畜戶收益，減少畜牧業溫室氣體排放，有助於水污染減量及能源多元化之政策目標。

❖ 辦理擴大稽查

針對部分未能積極改善或情節重大者，由屏東縣政府環保局稽查科、水污科合作擴大辦理稽查作業，消弭業者僥倖心態，本局於106年稽查1,078家畜牧戶（裁罰401家）、107年稽查1,565家畜牧戶（裁罰366家），自106年起至108年5月已執行7家停工，顯示屏東縣政府改善環境及整治決心。

在108年度，縣府本著改善環境水體水質及提供縣民良好生活環境之精神，將於稽查作業中導入科學稽查、空拍稽查等方式，加強畜牧業熱區污染稽查外，對於稽查過程中有發現可疑或長期不排水之畜牧場，進行空拍稽查，或於放流口處之排水下游設置科學儀器，儀器將偵測水中導電度或濁度，並可進行24小時連線偵測，以杜絕畜戶僥倖心態。

成果與展望

❖ 得獎事蹟

屏東縣政府環保局在水污染整治工作方面除了上述具體施政成果及建設外，各項考核亦有優良事蹟，如提報「沼渣沼液農地肥分使用計畫之推動」參與行政院人事行政總處辦理的「標竿學習」計畫獲得佳作（全國三個得獎名額），環保署評鑑的水污染防治考核、土壤及地下水考核及海洋污染防治考核於近年皆獲得優等或特優等名次，將持續全力推動本縣水污染防治等各項環保工作及政策。

❖ 畜牧糞尿資源化推動成果

截至 108 年 5 月止,屏東縣政府已推動 124 場畜牧場辦理沼液沼渣農地肥分利用計畫,其中已經有 90 家通過農政單位審查,另有 34 家已向農業單位提出申請並審查中,而透過縣府持續推廣輔導,亦有許多畜戶、農戶於沼液沼渣肥分利用計畫通過後申請變更,包含增加農地面積 22.5 公頃,同步提高施灌量 102,987 噸/年,總計每年可減少 60 萬噸畜牧糞尿(約 82,000 頭豬隻糞尿量)進入河川,另有兩案集中型畜牧糞尿處理中心推動,預計共可收受處理 9,176 頭豬隻,屏東縣政府也將持續配合中央政策推動畜牧糞尿資源化,將有助於水污染減量及畜牧糞尿能資源化之政策目標。

❖ 水質改善成效

屏東縣政府於 105 年起戮力推廣沼液沼渣農地肥分利用,水質改善已漸見成效,以東港溪來看,嚴重污染比例由 15.6%(104 年)降至 5.3%(106 年),未(稍)受污染比例則由 16.8%(104 年)提升至 42.0%(106 年),而如觀察各水質測站,亦可發現東港溪港西抽水站、隴東橋測站、高屏溪昌農橋測站自 105 年起水質明顯改善,另外,往年環保署列管為關鍵水質測站之一的港西抽水站測站,也因水質改善(由嚴重降至中度)而於 108 年解除列管。

綜上所述,近年屏東縣政府配合中央政策推廣畜牧糞尿資源化政策並搭配擴大稽查、前瞻基礎建設計畫之辦理,已能逐步改善縣內水污染情形,惟水質改善並非一蹴可幾,相關輔導、推廣、稽查作業仍需不斷推動,相信未來將有水清魚現的一日。

案列四：雲林畜牧資源化，農業經濟善循環，河川清淨再升級

　　雲林是農業大縣，是全國農產品產量最高的縣市，在這片土地上的農產品不只供應全國甚至外銷國外，有口皆碑，農業不只是雲林人的驕傲更是我們生活的根基，其中畜牧產業更是雲林縣經濟產值重要貢獻來源之一，雲林縣養豬頭數居全國之冠，依行政院農業委員會於 108 年 5 月所公布的養豬頭數調查報告統計資料，雲林縣養豬場高達 1,202 戶，養豬頭數達 1,461,998 頭，占全國 26.75%，但十多年來經濟發展的同時，畜牧業排放的廢水卻嚴重污染河川流域水質，依現行畜牧場之飼養及管理方式，為沖洗豬糞尿等排泄物，大多用大量的清水清淨豬舍並以三段式廢水處理設備 24 小時耗能曝氣處理，將含有高有機物質且可回收再利用的豬糞尿水排放至河川，造成本縣新虎尾溪、北港溪流域等重要河川及區域排水，長年河川污染程度都處於嚴重污染情形（RPI > 6），其中又以北港溪的「土庫大橋至觀光大橋」及新虎尾溪的「豐橋至海豐橋」等兩段區間最為明顯，以河川水質監測指標生化需氧量（BOD）來看，超過 50% 以上貢獻量源自於畜牧業廢水，且因時常發出惡臭，使得民怨不斷並常常向環保局陳情。

　　為改善畜牧廢水污染，雲林縣政府自 104 年 12 月起配合行政院環保署推動「畜牧糞尿資源化政策」，迄今已邁入第 5 個年頭，畜牧糞尿資源化策略包含畜牧糞尿經厭氧發酵產生之沼液沼渣作為肥分施灌農地、農業事業廢棄物個案再利用於農田使用及將符合放流水標準之廢水作為植物澆灌等，成功翻轉畜牧糞尿是廢水、廢棄物的觀念，將畜牧糞尿視

為可用之「資源」，糞土變黃金，有效利用資源，共創畜牧與農業循環經濟，並使清淨河川再升級。本縣相關執行作為說明如下。

✾ 雲林縣河川背景及土地利用調查

❖ 河川水質概況

　　雲林縣境內河川主要是因中央山脈及天然地形影響，河川短且陡，發源於東部山區，沿地形蜿蜒流灌雲林平原，最後向西流入台灣海峽。主要水系有北側之濁水溪、南側之北港溪，境內由北而南有施厝寮大排、新虎尾溪、有才寮大排、馬公厝大排、舊虎尾溪及牛挑灣大排等，其河流及水質測站位置如圖 10.1 及表 10.2 所示。

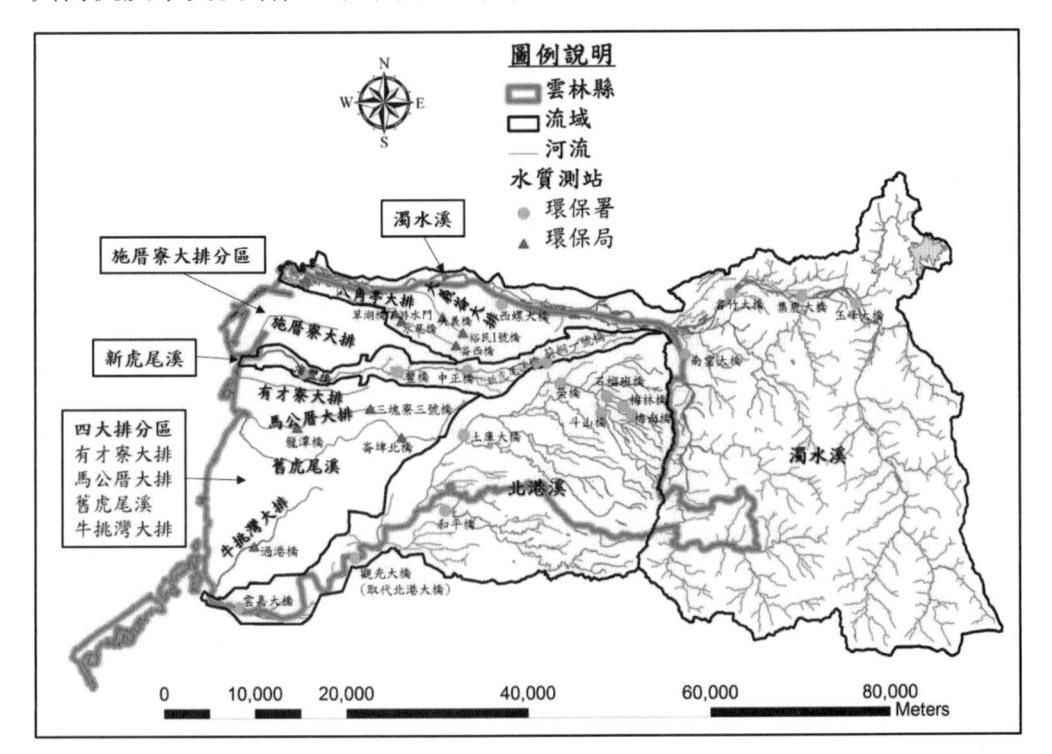

↻ 圖 10.1　雲林縣主要河川流域水系分布圖

⏻ **表 10.2** 108 年度雲林縣河川關鍵測站

縣市別	河川名稱	測站名稱	104～106 年水質 關鍵測站類別	污染次數百分比
雲林縣	北港溪(雲)	土庫大橋	嚴重污染	53%
	新虎尾溪	海豐橋	嚴重污染	36%
		豐橋	嚴重污染	25%

濁水溪 濁水溪為彰化縣、雲林縣兩縣界河，溪長 186.6 公里，流域面積 3,156.9 平方公里，平均坡度（1:190），環保署於本流域自上游設置有玉峰大橋、集鹿大橋、明竹大橋、雲嘉大橋、西螺大橋等共五個測站，其中西螺大橋屬本縣轄內測站。107 年主流 RPI 值平均值介於 1.7～3.4，與歷年同期相比（104～106 年），RPI 值平均值介於 1.8～3.4，差距不大，均屬未（稍）受污染至中度污染程度，濁水溪因其溪水夾帶大量泥沙，長年混濁，因而得名，故不計 SS 屬未（稍）受污染。濁水溪污染關鍵項目主要為 BOD，主要受濁水溪中游段及支流清水溪生活污水及畜牧廢水排入影響。流域內，已規劃推動八角亭大排水質淨化等現地處理工程，以降低當地污染負荷。全流域目前仍維持無嚴重污染，畜牧業主要集中於大義崙分區及八角亭分區，而西螺大橋上游河段之畜牧業分布較零星。

新虎尾溪 新虎尾溪起源自雲林縣莿桐鄉重興村，南與舊虎尾溪相鄰，北與濁水溪流域為界，溪長 49.85 公里，流域面積 109.26 平方公里，平均坡度（1:1080），環保署於本流域自上游設置有莿桐一號橋、新虎尾溪橋、中正橋、豐橋及海豐橋等共五個測站。107 年主流 RPI 值平均值介於 3.9～5.9，與歷年同期相比（104～106 年），RPI 值平均值介於 4.3～5.5，差距不大，全流域均屬中度～嚴重污染程度，但仍以中下

游豐橋及海豐橋污染情形較為嚴重，主要影響水質項目為懸浮固體及氨氮，探討氨氮濃度變化，平均每年 11 月至隔年 4 月濃度逐漸上升，5 月至 10 月則逐漸下降，氨氮主要污染來源為畜牧廢水。流域內所列管事業占全縣列管總數約 8.7%，主要以畜牧業（一）（占流域總數約 68.2%）為主要列管水污染源，其次為營建工地（占 6.9%）；流域內設有虎尾科技園區，而畜牧業主要集中於中正橋下游河段，另莿桐一號橋及新虎尾溪橋測站上游有零星畜牧業。

新虎尾溪污染負荷概況，新虎尾溪流域於雲林縣轄境內集污區由上游往下游，分別劃分為荊桐分區、過溪子分區、湳子分區、新庄子分區、崙背分區及西麥寮分區共 6 個集污分區，經計算 BOD 總污染排放量為 13,711.4 kg/day、SS 總污染排放量為 16,167.2 kg/day、NH_3-N 總污染排放量為 820.90 kg/day。以各集污區比較污染量貢獻量，西麥寮分區的 BOD 污染量、SS 污染量及 NH_3-N 之污染量為全流域最多，分別為 4,566.1 kg/day、5,383.9 及 262.38 kg/day，污染貢獻量占全流域 30% 以上，顯示其下游關鍵測站海豐橋所受到之污染量為最高。

北港溪　北港溪源自阿里山山脈西麓林內鄉七星嶺（標高 516 公尺），溪長 82 公里，流域面積 645.21 平方公里，平均坡度（1:59），環保署於流域自上游設置梅南僑、梅林橋、斗山橋、石榴班橋、榮橋、土庫大橋、觀光大橋及雲嘉大橋等共 8 個監測站，另有一個位於三疊溪之和平橋測站。北港溪流域 107 年主流 RPI 平均值介於 3.1 ～ 6.5，與歷年同期相比（104 ～ 106 年），RPI 平均值介於 2.4 ～ 6.4，各測站差距不大，北港溪自上游梅南橋水質河段屬輕度污染程度，到下游土庫大橋、和平橋、觀光大橋等測站之污染情形屬於中度至嚴重污染河段。土庫大橋、觀光大橋主要影響水質項目為懸浮固體及氨氮，和平橋主要影響水質項目則為溶氧、生化需氧量及氨氮，其中懸浮微粒受河川豐枯水期流量變

化影響較大，氨氮濃度變化平均每年 11 月至隔年 4 月濃度逐漸上升，5 月至 10 月則逐漸下降，氨氮主要污染來源為生活污水及畜牧廢水。

　　北港溪流域於水系集污區由上游往下游，分別劃分為虎尾分溪分區、海豐崙溪分區、芭蕉分區、石牛溪分區、大湖口溪分區、三疊溪分區、客子厝排水分區、埤子頭排水分區、北港分區、海子溝排水分區及鳶松排水分區共 11 個集污分區，經計算 BOD 總污染排放量為 23,155.1 kg/day、SS 總污染排放量為 27,302.2 kg/day、NH_3-N 總污染排放量為 1,373.13 kg/day。以各集污區比較污染量貢獻量，大湖口溪分區的 BOD、SS 及 NH_3-N 污染量皆為全流域各集污區最多，分別為 6,018.1 kg/day、7,095.9 kg/day 及 363.52 kg/day，污染貢獻量占全流域 26% 以上，其次為三疊溪分區，顯示其下游關鍵測站土庫大橋所受之污染最高。

❖ 地下水水質概況

　　依水利署歷年水文年報匯整各監測井之歷年地下水平均水位，地下水水流方向若以小範圍來看各不相同，但若以整體大範圍來看，主要為東往西流，顯示其顯示其與地勢高低相關，由東邊的山區與地勢高低相關，由東邊的山區（古坑鄉、古坑鄉、林內鄉林內鄉等等）往中間平原區，最後至間平原區，最後至西邊入海西邊入海。

　　另由「2018 年環境水質監測年報」之監測數據顯示，低於地下水污染監測標準之項目有硝酸鹽氮、總有機碳、總酚、氟鹽與重金屬砷、鎘、鉻、銅、鉛、鋅、汞、鎳等 12 項，比率皆為 100.0%，而低於地下水污染監測標準比率較該水質項目總平均比率為低之項目為總硬度（46.9%）、總溶解固體（55.1%）、氯鹽（81.6%）、氨氮（57.1%）、硫酸鹽（75.5%）、鐵（65.3%）與錳（42.9%），其中與

本計畫最為相關之地下水監測項目「氨氮」，平均值為 0.66 mg/L，為第二類地下水污染監測標準（0.25 mg/L）之 2.6 倍，最大值高達 2.22 mg/L。本計畫亦彙整 105～106 年度申請沼液沼渣農地肥分使用且已核定之場家的地下水氨氮背景值進行地下水氨氮背景值繪製濃度分布，地下水氨氮濃度由東向西遞增，尤其在西部地區，其氨氮濃度更高達 3 mg/L 以上。

❖ 農牧用地分布

雲林縣在 20 鄉鎮市中，土地面積以古坑鄉 166.61 平方公里最廣，斗六市 93.72 平方公里次之，口湖鄉 80.46 平方公里居第三位，而以褒忠鄉 37.06 平方公里最小，以使用類別分析，以農業使用面積占最多，占全部使用面積 61.5%，分布於雲林縣各鄉鎮市，主要在非都市土地之特定農業區與一般農業區；其次是森林使用（占全部使用面積之 8.54%），集中在東邊的鄉鎮市，如林內鄉、古坑鄉、斗六市及斗南鎮等；建築使用（占全部使用面積之 7.4%）位居第三，主要集中在各鄉鎮市的聚落區域及六輕工業區，以住宅使用占大多數，其次為工廠及店鋪式商業等使用；漁業使用則主要集中在麥寮、台西、口湖等沿海地區。

雲林縣境內多平原，農作物生產情形不易受地形限制，土地使用情形多屬於農業區，而山區則集中於雲林東部地區。統計雲林縣 107 年度之總土地面積為 132,1230.46 公頃，其中農牧用地計有 81,424.15 公頃，約占 61.6%，若以農牧面積大小區分，以古坑鄉面積 8,919.11 公頃最多，其次是四湖鄉面積 8,908.68 公頃，最小為林內鄉 1,833.03 公頃；若以農牧面積之占比區分，則以四湖鄉最大（82.1%）、水林鄉 79.0% 次之，麥寮鄉 33.9% 最小。

✠ 畜牧糞尿資源化推動方式

　　雲林縣政府於 104 年起配合中央政策，積極推廣縣內畜牧戶辦理畜牧糞尿資源化，不但可以為農民減少化肥使用，經計算，每年更可減少 100 萬噸以上的畜牧廢水進入河川，而在（108）年度預計完成 77 家畜牧場沼液沼渣農地肥分利用計畫申請作業，並在（108）年底雲林縣可望達 190 家以上參與肥分利用計畫，媒合農民、農會、合作農場、台糖農場等農政單位，拍攝沼液沼渣施灌成效宣導影片，補助畜牧場及麥寮鄉公所購置沼液沼渣集運車及農地儲存槽經費，並成立施灌車隊及建立地方性的施灌車輛運輸施灌體系，強化肥分運輸施灌便利性，使施灌方式更加便利，提升農民使用意願；另更推動畜牧糞尿大場帶小場集中資源化處理計畫等多元推廣方式，致力讓畜牧業與農業接軌國際趨勢，減少環境成本，讓雲林的河川可以更清新，生活更美麗！

❖ 一條龍服務，輔導及協助雲林縣畜牧場沼液沼渣農地肥分使用申請作業

1. **組建雲林縣畜牧輔導團**：於 104 年起邀集環工、土壤及地下水、農業等跨領域專家學者組成輔導團隊，並與農業處跨局處合作主動輔導並進行定期追蹤，迄今總共輔導 552 場次，目前已協助 190 場家成功取得沼液沼渣農地肥分使用計畫之核定。另外，108 年亦針對 105 年至 107 年核定通過沼液沼渣農地肥分使用計畫之畜牧場（113 家）進行土壤及地下水品質監測，並於每季追蹤畜牧場沼液沼渣實際施灌量，定期追蹤以掌握施灌地土壤重金屬銅、鋅及地下水氨氮濃度之變化。未來亦持續辦理輔導團主動輔導作業，以督促畜牧業者積極進行改善。

2. 現場輔導有意願參與申請沼液沼渣農地肥分使用計畫之畜牧場，並免費撰寫及修正畜牧場沼液沼渣農地肥分使用計畫書，免費協助畜牧場進行沼液、沼渣檢測、施灌農地區域地下水水質背景值檢測及施灌農地土壤品質背景值檢測作業。

❖ 成功媒合輔導畜牧業與農民合作申請沼液沼渣施灌

1. 媒合畜牧場與鄰近農地所有權人、管理人或使用人或與台灣糖業股份有限公司（砂糖事業部）、果菜生產合作社或相關農場等，取得沼液沼渣肥分農地使用合作同意書。

2. 媒合麥寮鄉畜牧場及月光下友善農場所種植之 4.9 公頃小麥田進行施灌，並於 107 年 11 月優先以放流水與地下水 1:1 比例混和進行試灌作業。

3. 媒合元長鄉後湖合作農場、東勢鄉月眉農場等農戶與吉升飼料旗下畜牧場及鄰近畜牧場計 20 場進行沼液沼渣施灌作業，目前簽署面積約達 300 公頃，未來合作模式預計由農場負責載運及施灌作業，畜牧場提供施灌車輛及油資、後續保養等，共同合作施灌玉米及稻米等作物。

4. 於 105 年起與環保署、台糖公司等多次協商討論後，於 108 年 3 月完成簽訂「施灌沼液合作同意書」，並開放 22.23 公頃之甘蔗田，配合甘蔗種植時期進行施灌，預計每年沼液施灌量可達 6,820 公噸，並於 108 年 10 月由台糖公司與褒忠鄉金龍興牧場合作進行首次施灌，同時調派本縣沼液沼渣施灌車隊中 2 輛車輛協助施灌，於最短時間內完成 60 噸沼液施灌。

❖ **辦理農牧媒合宣導說明會、觀摩會**

1. 雲林縣除了主動輔導、定期追蹤監測外，為使更多畜牧場及農民了解畜牧糞尿沼液沼渣農地肥分使用計畫，於 105 年至 108 年度辦理 60 場次的宣導說明會，邀集農業、環保單位及申請核定之業者經驗分享，共計約有 2,700 人次參與。

2. 每年依法規及政策更新內容，將沼液沼渣農地肥分使用申請程序、所需資料編輯成指引手冊，並於輔導及宣導說明會時發放給參與的畜牧業者及農民。此外對於申請或施灌沼液沼渣有疑慮之畜牧業者及農民，本縣每年藉由拍攝施灌成效影片，並於宣導說明會上播放給參與的業者及農民觀看，讓業者及農民了解示範戶的施灌成效，讓畜牧場及農民對於施灌沼液沼渣更具信心。此外，為了提升畜牧業者及農民的申請意願，105 年至 108 年度辦理 7 場以上實地觀摩活動，邀請畜牧業者及農民到施灌成效良好之示範戶施灌農地，現場觀看沼液沼渣施灌示範，累計參與人數超過 250 人。

3. 此外，為了讓民眾了解本縣於畜牧糞尿資源化之推廣成果，105 年至 108 年累計發布超過 25 則新聞稿提高能見度，並於 107 年及 108 年舉辦記者會發表當年度本縣推動畜牧糞尿資源化之成果。108 年本縣更特別建置雲林縣專屬宣導網站，提供民眾最新政策資訊、新聞、法規及沼液沼渣農地肥分使用之推廣成效，讓民眾更能了解本縣對於畜牧糞尿資源化所作的推廣作為及其成效。

❖ **畜牧場沼液沼渣施灌農地成效追蹤**

1. 針對雲林縣轄內 105 年至 107 年核定通過經農業主管機關核可並實際進行沼液、沼渣施灌之畜牧場追蹤檢測作業。

- 辦理113家肥分計畫施灌農地區域豐、枯水期各1次之地下水水質背景值檢測作業,檢測報告至少包含導電度、銨態氮(NH_4^+-N)或氨氮等項目。

- 辦理113家肥分計畫施灌農地土壤品質背景值檢測作業,檢測報告至少包含土壤導電度、銅、鋅等項目。

2. 追蹤113家畜牧場沼液沼渣肥分計畫施灌記錄情形並統計其施灌總量;針對畜牧場進行現場巡查作業,追蹤畜牧業者確實依農業主管機關核准之內容運作,每場家至少完成1次。現場巡查需製作沼液沼渣農地肥分使用追蹤巡查表單,內容包含沼液沼渣使用情形、沼液沼渣施灌作物現況及沼液沼渣農地肥分施灌建議事項等,並拍照存證彙整其相關成果。

❖ 補助設置沼液沼渣集運車輛及沼液沼渣農地儲存槽

　　107年5月15日訂定雲林縣沼液沼渣集運車輛及沼液沼渣農地儲存槽補助要點,補助鄉鎮市公所及畜牧場購置沼液沼渣集運車及農地儲存槽,使施灌方式更加便利,提升農民使用意願。

❖ 建立沼液沼渣肥分使用運輸施灌體系

1. 針對本縣已通過沼液沼渣農地肥分使用施灌計畫之113家畜牧場,調查場內設置沼液沼渣集運施灌槽車及相關施灌農地之農地儲存槽之情形並綜整以槽車施灌之農地面積。

2. 整合本縣轄內沼液沼渣集運施灌作業,媒合及協調已設置沼液沼渣施灌車輛之畜牧場協助載運其他尚未設置沼液沼渣施灌車輛之畜牧場進行施灌作業。

3. 成立 8 隊沼液沼渣肥分使用運輸施灌車隊，建立地方性的施灌車輛運輸施灌體系，強化肥分運輸施灌便利性，使施灌方式更加便利，並彙整沼液沼渣肥分使用運輸施灌車隊實際運輸施灌情形。

❖ 推動雲林縣畜牧場畜牧糞尿資源化處理計畫

為加強河川污染整治成效，推動畜牧糞尿集中處理，爭取環保署「推動設置厭氧發酵及沼氣發電設備處理小型畜牧場畜牧糞尿計畫（大場帶小場畜牧糞尿資源化處理計畫）」補助計畫，鼓勵、推動大型畜牧場設置畜牧糞尿資源化處理設施，並集運處理其他小型畜牧場畜牧糞尿，以改善境內流域之排水水質及創造綠電。

108 年共五案大場家帶小場家畜牧糞尿資源化處理計畫榮獲環保署補助新台幣 5,590 萬元，分述如下：

(1) 雲林縣集美再生能源有限公司申請案 雲林縣集美再生能源有限公司規劃於麥寮鄉林欣逸畜牧場設置畜牧糞尿資源化處理設備，藉由管線集運鄰近 2 場畜牧場共計 1 萬 705 頭豬隻（林容達畜牧場、林政緯畜牧場），總處理頭數為 2 萬 3,403 頭。

環保署補助項目為厭氧發酵設備、污泥脫水機、集運輸送管線系統、資源化運輸車輛及發電脫硫等項目，榮獲補助新台幣 3,770 萬元，每日總處理水量為 351.1CMD，經廢水處理單元處理後，每日將 263 噸符合放流水標準之回收水澆灌植物，以及每日將 4.5 噸沼渣沼液施灌於合作農地（資源化比例達 76%），每年減少 9.8 萬噸畜牧廢水排入新虎尾溪，預估 SS 削減量每年為 2,154 公噸、BOD 削減量每年為 1,827 公噸、NH_3-N 削減量每年為 105 公噸，預估可售電每年約達 1,061 萬元。

(2) 合鑫畜牧場申請案　合鑫畜牧場位於虎尾鎮畜養豬隻 4,782 頭，藉由槽車集運鄰近 1 家畜牧場共計 800 頭豬隻（昱泰牧場），總處理頭數為 5,582 頭。環保署補助項目為環型厭氧儲氣池及紅泥沼氣袋（11 座厭氧發酵槽），榮獲補助新台幣 260 萬元。

每日總處理水量為 111.6 CMD，經廢水處理單元處理後，每日將 84 噸符合放流水標準之回收水澆灌植物，以及每日將 26 噸沼渣沼液施灌於合作農地（資源化比例達 99%），每年減少 4 萬噸畜牧廢水排入新虎尾溪，預估 SS 削減量每年為 321 公噸、BOD 削減量每年為 272 公噸、NH_3-N 削減量每年為 14 公噸，預估可售電每年約達 147 萬元。

(3) 伸峰畜牧場申請案　伸峰畜牧場位於水林鄉，飼養 2,960 頭豬隻，藉由槽車集運鄰近 1 家畜牧場 1,207 頭豬隻（玄升畜牧場），總處理頭數為 4,167 頭。環保署補助項目為土木基礎工程及厭氧發酵槽圓形鋼構 CSTR，榮獲補助新台幣 390 萬元。

每日總處理水量為 125 CMD，經廢水處理單元處理後，每日將 93.8 噸符合放流水標準之回收水澆灌植物（資源化比例達 75%），每年減少 3.4 萬噸畜牧廢水排入北港溪，預估 SS 削減量每年為 420 公噸、BOD 削減量每年為 117 公噸、NH_3-N 削減量每年為 12 公噸，預估可售電每年約達 174 萬元。

(4) 明億畜牧場申請案　明億畜牧場位於水林鄉，飼養 4,565 頭豬隻，藉由槽車集運鄰近 1 家畜牧場 1,288 頭豬隻（宏仁畜牧場），總處理頭數達 5,853 頭。環保署補助項目包含、沉水式攪拌機、pH 控制器、斜板沉澱槽、流化床生物活性碳反應器、生物過濾反應器及生物脫硫反應器等，榮獲補助新台幣 390 萬元。

每日總處理水量為 250 CMD，經廢水處理單元處理後，每日將 188 噸符合放流水標準之回收水澆灌植物（資源化比例達 75%），每年減少 6.9 萬噸畜牧廢水排入北港溪，預估 SS 削減量每年為 545 公噸、BOD 削減量每年為 463 公噸、NH3-N 削減量每年為 26 公噸，預估可售電每年約達 424 萬元。

(5) 杰臻畜牧場申請案 杰臻畜牧場位於麥寮鄉，飼養 2,450 頭豬隻，藉由槽車及管線集運鄰近 3 場畜牧場共計 2,450 頭豬隻（許貽畜牧場、佑紋畜牧場、坤佑畜牧場），總處理頭數為 4,900 頭。環保署補助項目為 13 座厭氧槽體及發電機，相關設置如固液分離機、處理單元設備、管線傳輸系統等，榮獲補助新台幣 780 萬元。

每日總處理水量為 98 CMD，經廢水處理單元處理後，每日將 74 噸符合放流水標準之回收水澆灌植物，以及每日將 23 噸沼渣沼液施灌於合作農地（資源化比例達 99%），每年減少 3.5 萬噸畜牧廢水排入新虎尾溪，預估 SS 削減量每年為 433 公噸、BOD 削減量每年為 161 公噸、NH_3-N 削減量每年為 13 公噸，預估可售電每年約達 130 萬元。

✠ 畜牧糞尿資源化推動成效

1. **得獎事蹟**：自 104 年起，雲林縣已連續 3 年榮獲河川考核優等，河川污染整治作為及成果獲得環保署肯定；另畜牧糞尿資源化推動部分，雲林縣 107 年通過 44 家、累計通過 112 家（107 年目標數 42 家、105 年至 107 年累計目標數 108 家），推動環保署重要業務 - 沼液沼渣農地肥分使用 3 年以來，實際累計通過場家數不但超過累計目標數，更為全國唯一累計超過百場之地方政府，功績卓著，實屬不易。

2. 推動五案畜牧糞尿大場家帶小場家集中資源化處理計畫等,不僅可協助部分小型畜牧場處理廢水,也能藉由沼氣發電提高畜戶收益,減少畜牧業溫室氣體排放,有助於水污染減量及能源多元化之政策目標。

3. 施灌成效良好,於107年度協助10場家擴增施灌農地面積,共增加47.088552公頃之農地,並增加沼液沼渣施灌量達22,348.96噸,並成功媒合農民、農會、合作農場、友善農場、台糖農場等超過400公頃以上之農田,拍攝多部沼液沼渣施灌成效宣導影片,補助麥寮鄉公所及15場畜牧場購置沼液沼渣集運車及農地儲存槽,補助經費達新台幣1,480萬9,118元,並成立8隊施灌車隊及建立地方性的施灌車輛運輸施灌體系,強化肥分運輸施灌便利性,使施灌方式更加便利,提升農民使用意願。

4. 全縣已有255家畜牧場完成畜牧糞尿資源化申請作業(包含沼渣沼液農地肥分使用190場、農業事業廢棄個案再利用30場及放流水回收澆灌花木35場)。每年約有122.9萬公噸(相當於填滿490座標準游泳池的水量)的畜牧糞尿還肥於田,施灌面積達970公頃(相當於130座斗六棒球場),農民施灌畜牧糞尿沼液沼渣後都說讚,可全部或部分取代化學肥料,施灌作物含水稻、玉米、竹筍等37種以上經濟作物,推算節省的化學肥料費用超過二千萬元。在河川水質淨化上,相當於減少14.8萬頭豬及7,128頭牛廢水進入河川,每年可削減生化需氧量(BOD)7,822公噸、懸浮固體(SS)10,474公噸等,BOD削減量為斗六水資源回收中心近五年平均的65倍以上,執行成效連續4年蟬聯全國第一,是全國亮眼的示範縣。

5. 雲林縣政府為全國畜牧產業之重要縣市,自104年起即全力推廣沼液沼渣農地肥分利用,經歷年努力水質改善已有逐步改善之趨勢,以北港溪來看,嚴重污染長度由26.7公里占流域32.6%(104年)降至

24.3 公里占流域 29.7%（107 年），未（稍）受污染比例則由 16.8%（104 年）提升至 42.0%（106 年），而新虎尾溪部分嚴重污染長度由 19.7 公里占流域 9.8%（104 年）降至 12.4 公里占流域 6.2%（107 年），綜觀本縣各水質測站，可發現北港溪觀光大橋自嚴重污染（104 年）降級至中度污染（107～108）改善率與前 3 年相比高達 10% 之改善率，足見本縣積極推動之沼液沼渣農地肥分利用政策已見其改善河川水體水質之成效。

結語

循環經濟是當前政府的新政策，筆者個人對循環境的看法，不外乎是搖籃到搖籃（Cradle to Cradle），是與過去的搖籃到墳墓（Cradle to Grave）的理念不同。畜牧業循環經濟，係將畜牧業產生之糞尿視為資源。在這自然資源逐漸匱乏的年代，廢土變黃金的思維，應該是為後代子孫，留下一片淨土的不二法門。

參考文獻

1. *Removal of nutrients in various types of constructed wetlands Science of The Total Environment,* Jan Vymazal（2007），Volume 380, Issues 1–3, 15 July 2007, Pages 48-65
2. *Influence of the Ca/Mg ratio on Cu resistance in three Silene armeria ecotypes adapted to calcareous soil or to different, Ni- or Cu-*

enriched, serpentine sites *Journal of Plant Physiology*, Volume 160, Issue 12, 2003, Pages 1451-1456, Alessandra Lombini, Mercè Llugany, Charlotte Poschenrieder, Enrico Dinelli, Juan Barceló

3. Phytoextraction of contaminated urban soils by Panicum virgatum L. enhanced with application of a plant growth regulator（BAP）and citric acid, *Chemosphere*, Volume 175, May 2017, Pages 85-96, Matthew Aderholt, Dale L. Vogelien, Marina Koether, Sigurdur Greipsson

4. Phytoremediation: plant–endophyte partnerships take the challenge

5. *Current Opinion in Biotechnology*, Volume 20, Issue 2, April 2009, Pages 248-254, Nele Weyens, Daniel van der Lelie, Safiyh Taghavi, Jaco Vangronsveld

6. In situ investigation of dissolution of heavy metal containing mineral particles in an acidic forest soil, *Geochimica et Cosmochimica Acta*, Volume 70, Issue 11, 1 June 2006, Pages 2726-2736, Andreas Birkefeld, Rainer Schulin, Bernd Nowack

7. Ion allocation in two different salt-tolerant Mediterranean Medicagospecies, *Journal of Plant Physiology*, Volume 160, Issue 11, 2003, Pages 1361-1365

   John V. Sibole, Catalina Cabot, Charlotte Poschenrieder, Juan Barceló

8. *Phytoremediation of metal enriched mine waste: A review Article*, January 2010 Mukhopadhyay and Maiti